加賀屋の流儀

極上のおもてなしとは

加賀屋
與形形色色人生相遇的旅宿

揭開一流款待背後的真實故事

看見超越工作守則的服務價值

細井 勝

洪逸慧、嚴可婷、李建銓 譯

第三章 款待住宿的女性服務軍團

前言　在旅途中的相逢，心與心的接觸

欣賞所到之處的土地風光——這就是所謂的觀光、旅行。

但是，究竟土地風光是指什麼呢？我想到以前為雜誌採訪時，曾經聽過「觀光包含『三物』」的論點。所謂「三物」，就是風物、產物與人物。

在四面受到海洋包圍，境內有數列山脈的日本，散佈著變化多端的風景勝地。如果要去某處觀光，目的地會有明媚的風景，人們培育的物產也很豐富。所謂「土地風光」，無疑就是指這類地域的魅力或個性吧。

不過，在三物中只有「人」這一項反映出不同性質。每個人都有每天的工作，也背負著各自的家庭與人生。在接待旅客的人當中，有些人帶有感情、感到自己很幸福，也有人不是這樣。

儘管如此，「人」在觀光中仍是重要的因素，因為對於旅人的感情、心情影響最大的，說不定是接待者的心。

有句話叫做「福地福人」。意思是在幸福的土地上，有幸福的人居住著。我想將「土地」

這個詞直接置換為「旅館」。

想獎勵平常從未奢侈、為了辛勤工作而活的自己與家人，夢想著至少要去住一次的旅館——就算面對的不是上了年紀的老夫婦，客房管家也以親切的話語、細膩的設想應對，與其共渡的時光，可說是相當珍貴的短暫光陰吧。正因為有這樣的時光，在旅途中可說是無比珍貴的寶物。

能夠打動擁有不同人生的旅人的心，正出自接待人員的自我要求吧，她們以自己的人生相對應，以一流的專業自許。

正因為有這些感覺踏實認真、樂於款待的客房管家，每位客人都會覺得「我想再遇見那位接待人員一次」、「想去加賀屋與那位客房管家重逢」，所以想再次前往投宿。在旅途中相逢、心與心互相接觸，也可說是人生與人生的交會。迎接旅人、負責款待這件事，可以如此重要。我想其中正潛藏著觀光「三物」的意義。

和倉溫泉位於石川縣能登半島東側末端的七尾市。在這裡，有著自一九八一年創立以來，連年持續贏得「專業遴選日本飯店．旅館一〇〇選」總評分第一名榮耀的大規模旅館「加賀屋」。

不論透過航空，或是經由陸路，前往加賀屋一點都不方便，甚至可說是位於交通不便之處，但旗下兩館一年的住宿人次約三十三萬人，大型旅行社甚至推出以「住宿加賀屋」為號召的行程。

事實上，加賀屋有二百四十六個客房，即使在泡沫經濟崩解後，仍繼續維持每年百分之八十以上的平均住房率。在這家一年到頭，即使平常日客滿也不足為奇的大型旅館，究竟有什麼祕密呢？為什麼人們要千里迢迢開車或搭巴士前往加賀屋？甚至即使要搭飛機或轉乘電車，仍然想體驗住宿？

抱持這樣的想法，在採訪初期我得知加賀屋有著絕對不說「沒有」、「沒辦法」的傳統。當然，儘管也有同業想知道的待客守則，但是聽到我的詢問，客房管家的回答更令人印象深刻。

「守則只是形式而已。」

「在接待每一位內心與面貌完全不同的客人時，我只知道要為對方竭盡自己的心力。」

她們當然也有自己悲喜交集的私生活，有著起起落落的人生。正因為如此，投宿一夜的客室，成為人生與人生交會，一期一會的場所。

「因為這裡是日本第一的旅館」，每位前往加賀屋住宿的客人通常都抱持這樣的期待，我想描寫日日為符合這樣的高標準而努力的工作人員身影，接下來就以住宿後深受感動的客人們所寫的真實信件，作為本書的開端。

第一章　與形形色色人生相遇的旅宿

爲陰膳感激落淚的夜晚

——謝函似雪花般飛來，一如加賀屋所締造的感動次數

寄給加賀屋的謝函一如他們所締造的感動次數，似雪花般飛來。

任誰都想到加賀屋「住個一次看看」。在「專業人士評選的一百間日本飯店、旅館」中，加賀屋連續蟬聯日本第一的寶座，要探索其魅力所在，沒有比這更有說服力的了。

在本章節所舉出的兩封信中，鮮明地印記著攜帶亡友、亡妻遺像投宿加賀屋的旅客，因預期之外的「陰膳」[1]而感動落淚的一整晚感動。

雖然心有不捨，故人依然逝去。這兩組客人將亡友、亡妻的昔日風采刻劃在心中，前來造訪加賀屋。在他們面前出現的客房管家，觀察到他們將遺照不經意地放在桌上，並敏銳地感受到他們隱藏著緬懷重要故人的心思。

寄出信件的人據說平常都不勤於筆耕。加賀屋的客房管家與他們雖然只是一輩子僅此一次短暫的接觸，卻以陰膳為他們帶來難忘的感動。這些人不由得想提筆寫信，原因除了客房管家的真心之外別無其他。

在那一夜裡，他們在加賀屋裡有什麼樣的邂逅呢？

超一流的專業接待，肯定只有在超越工作守則的境界才可能出現。我們取得了這兩封信作者的同意，幾乎依照原文刊載，以逼近這間「與形形色色人生相遇的旅宿」的真實樣貌。同時，也了解旅客因為接受讓人眼角微濕的接待而感動的心，以及客房管家竭盡全力無私服務的待客之心，兩者是如何共鳴。

攜帶亡友遺照的男兒淚

此次，我參加了長野旅遊株式會社立山阿爾卑斯山脈路線的加賀屋之旅。感謝長野旅遊株式會社、加賀屋、阿爾匹克高地巴士（Alpico Highland Bus）細膩的應對，使我得以有趟愉快的旅程，衷心致上謝意。真的謝謝您們。

註1　日本習俗，用餐時為外出的家人或已故者多備一份餐點，有祈福及追思之意。

我們「四水會」每年六月會規劃兩天一夜的旅遊，我總是殷殷期盼。去年也由會長提議，我和另一名會員擔任幹事進行事前準備，規劃從立山阿爾卑斯路線投宿加賀屋，然而會長突然於四月二十四日與櫻花一同凋落，享年五十九歲。因為會長逝世得太過突然，我們會員都掩不住灰心喪意。一年過去了，會員中有人提議帶著會長一起參加去年規劃的旅行。幹事們開始準備的時候，長野旅遊株式會社的立山阿爾卑斯路線及加賀屋之旅的企劃案恰好符合會長生前的期望，於是全體會員一起報名，麻煩長野旅遊株式會社為我們辦理此次旅遊。

旅途中領隊、導遊的用心，以及司機安全至上的駕駛，穩定了我們的心。雖然我自己也開車，然而卻再一次感受到必須要向專業駕駛學習才行。

我將已故會長的照片放在巴士窗邊，和他一起眺望風景。在黑部湖室堂台地的萬年雪原上，我們全體會員以會長的照片為中心合影留念。我想，會長應該也對於當天的好天氣和壯麗的風景感到心滿意足。

我們抵達加賀屋，沐浴之後就是宴會時間。我前往宴會場地，理所當然帶著會長的照片一起。我將照片放在看得到海的窗邊，在杯中注入他最喜歡的啤酒，想要和他乾杯，感謝我們得以有趟愉快的旅程。這時候，客房管家問了聲：「照片裡的這位先生，怎麼了呢？」我便告知原委。她跟我說：「能不能請您們稍候片刻再乾杯呢？」瞬間我遲疑了一下，她說：「我馬上準備這位先生的餐點。」我婉拒了她，告訴她：「妳不需要為我們做到這樣。」然而她還是退出了包廂，並且立即端來擺上餐點的日式托盤式矮腳餐桌，供奉在會長的照片前。

我拚命壓抑著淚水，說：「會長，真是太棒了，對吧。」並且和全體會員一同乾杯。客房管家在無數次端送餐點的忙碌過程中，甚至為我們擺放上白色的風鈴草，此舉又讓我再次死命忍住眼淚。副經理也前來致意，面對照片合掌祈福。隔天早上讓我更驚訝的是，當我們接到客房管家「早餐已經準備好了」的聯絡，前往昨天的宴會包廂時，她為會長擺放的花仍在原處，當我放上照片之後，她隨即又供上了和我們的餐點相同的水果。

用完早餐回到房間，我致電給會長夫人，告訴她昨晚到今晨所發生的一切。她在電話那頭哭了，「謝謝，我真的很高興。請務必代我向副經理和客房管家道謝。」

我要再次鄭重地致謝。謝謝您們為我們這樣小人數的團體，特別移步包廂向我們致意，並向已故的會長合掌祈福。真的謝謝。

客房管家勝美女士，謝謝您溫暖貼心的服務。聽說您的年紀和我們不相上下，我很驚訝。您以嬌小的身軀迅速端送餐點的身影我們全然無法匹敵，我們僅僅只是從阿爾卑斯山脈路線的階梯爬下來，就大聲嚷嚷著腰痛腳痛。

勝美女士，請您今後也要照顧身體，將您所帶給我們的親切貼心服務，呈獻給下一位旅客。謝謝您。

四水會代表　山本章一

——在投宿加賀屋前夕抱憾離世

寫下這封信的，是在長野縣松本市經營松本民間工藝家具製造工廠的山本章一先生（六十三歲）。

在信裡，他的職稱是「四水會代表」。所謂四水會，是在大約三十年前成立的有志之士聯誼會。四水會名稱的由來是因為他們在每個月的第四個星期三[2]集會。成立時會員有十七、八人，現在已經減少至八人。

山本先生在信中稱之為「會長」的，也是在松本市內經營大規模穀物生意的降簱康男先生。兩個人是同一所國中小學的同年級同學，高中以後雖然各分東西，但是住得很近，一直都是心靈契合的好朋友。

在這之前，四水會在每年六月都會齊聚一堂，規劃慰勞旅行前往全國各地，這是會員們引頸期盼的。目的地總是由降籏先生決定，對他而言，這也是讓他殷切期盼的年度盛會。

這位降籏先生在櫻花盛開之際因腦溢血病倒，十一天後，平成十五年（二〇〇三）四月二十四日，在親愛家人的照護下病逝醫院。原本他期盼在兩個月後啟程參加四水會兩天一夜的旅遊，遊覽黑四水壩、北阿爾卑斯山脈，並且投宿加賀屋，卻在此前夕抱憾撒手人寰。

那一年，為降籏先生守喪的山本先生等人，取消了加賀屋之行。降籏先生愛好大自然及山岳，他生前熱情地喊著「要到日本第一的加賀屋去」，即使在周年忌結束之後，他的這個計劃仍在會員的心中生生不息地脈動著。

──會長也一起前往加賀屋

「還是來實行去年的旅遊計劃吧」，不知道是誰提起了這件事。山本先生一行人在平成十六年（二〇〇四）六月二十日早上八點左右，乘坐巴士從松本市出發。

註2─星期三的日文漢字為「水曜日」。因此該會稱為「四水會」。

「會長，我們也帶您一起去喔！」

山本先生情緒高昂地出發，行囊中放進了降籏先生的照片。降籏先生面帶微笑，鑲在長二十公分、寬十公分左右的相框裡。巴士啟程後不久，山本先生便從旅行袋中取出照片輕輕放在窗邊，面向初夏的北阿爾卑斯山脈全景。

在立山的室堂台地等地，所到之處一行人都合影留念，面對鏡頭時，一定有人將降籏先生的遺照抱在胸前，當天七名參加者心中都湧上感慨，「今天連同會長，我們有八個人一起旅行啊。」

在晴朗的初夏青空下，開始了令人印象深刻的美好慰勞之旅。

那天，他們抵達加賀屋的時間約莫傍晚五點。旅館人員引導山本先生一行人搭乘電梯前往「能登渚亭」的客房。在那裡等著他們的，是七尾灣被夕陽染成鮮橙色的寧靜水面，以及漂浮於海平面的能登島絕美景緻。

此時引導一行人至客房的客房管家，是和他們同年紀的嬌小女性。當所有人落坐在鬆軟的雙層坐墊上，她彷彿一直等待著此刻般對大家自我介紹，「我叫勝美，我將盡我所能接待大家，請各位盡情放鬆休息。」山本先生一行人心想，「這樣啊，我們今晚就在這位管家的接待下盡情歡樂吧。」換上浴衣，接下來的一段時間，他們在澡堂中舒緩因爬山而疲憊的身軀。

事情發生在全體會員再次集合，歡樂的宴會即將開始之際。在這之前，勝美女士一直忙碌於端送餐點，準備所有人的晚膳。突然，她察覺了放置在面海那側外凸窗邊的照片，停下了手邊的工作。照片旁邊隨意而簡單地擺放著一只玻璃杯，裡頭裝著降籏先生生前最喜歡的麒麟啤酒。

勝美女士在一瞬間盯著照片直看，然後轉頭問，

「這張照片，是怎麼回事呢？」

雖然只是短短的一句話，然而她彷彿已經明白了什麼。「其實這是我們四水會所尊敬的會長，他去年過世了，今天和我們一起來。」山本先生在這樣極為自然的對話中向她說明原委。

讓在場人士因為目睹始料未及的場面而感動落淚的情節，緊接著在這之後發生。

「能否請您們稍候片刻再乾杯呢？」勝美女士留下這句話，便匆匆忙忙走出包廂。幾分鐘後，她端著朱紅色的漆製托盤和擺上餐點的小型日式矮腳餐桌出現，在窗邊的照片前專業地擺上出色的陰膳。

那既非滿足感也非激動，而是一種震撼心靈的感動，讓人無法言語。感激的淚水順著眾人的臉頰滑落，那一夜的宴會情景化為「終生難忘」的感謝之心，從山本先生的字裡行間也充分傳達。

至 大浴場

尤其打動山本先生的是，勝美女士除了擺放陰膳之外，更供上了降簱先生最愛的山中野草——白色風鈴草。

加賀屋每一棟、每一層樓的配餐室裡都經常備有鮮花，好在客房的插花凋萎時隨時可以替換，這天恰好備有平日裡少見的白色風鈴草。

在這麼多種類的花朵中，勝美女士選擇了白色風鈴草。這與其說是偶然，更應該說是因為勝美女士和降簱先生喜歡的是同一種花的緣故。這不可思議的巧合，也讓山本先生淚流不止。

——傳達「陰膳」一事，電話的那一頭……

隔天早上，降簱先生的妻子志津子女士（六十三歲）從電話裡聽聞山本先生敘述事情始末，在話筒的這一端，她不勝感動。

「如果外子還健在並且同行的話，昨天應該會自以為是大爺般，在加賀屋通宵暢飲吧……。我還遺憾地這麼想著的時候，突然就接到山本先生的電話。他說，『陰膳讓我非常感動。』聽著他興奮的聲音，我泣不成聲。」

在松本市內降簱先生的店裡，志津子女士和我們聊起先她而去的先生。

降簱先生有著老大哥的氣質，在同級生或是同事之間總是中心人物。他繼承了親戚的生意，成為穀物商。平成四年（一九九二）獨立經營後，他推出全國首創的免洗米，拓展事業規模，是有先見之明和熱情的人。

他在地方上擔任獅子會會長，是位豪爽磊落的知名人士。他也是個格外愛好大自然的人，當他自立開始的生意還未上軌道時，只要有時間就經常走入自家附近的山上，觀察野草看得出神。白色風鈴草據說是他從那時起就一直非常喜歡的花。

降簱先生向一般學生或中小學生演講的機會也很多，他常常告訴他們，「你們看看蒲公英。它們雖然被風吹著走，無法自己選擇棲身之處，卻依然奮力開出最美的花。」在他過世那年的正月，他悄悄地向家人留下這一番話，「破了就補，斷了就連上，隨時盼望未來。」

丈夫溘然長逝之後，志津子女士從還未收拾進箱子裡的西裝口袋中，發現這張匆匆寫下的便條，她親手謄寫這句可視作先生遺言的話語，加以裱框，如今也置放在佛龕旁。

降簱先生晚年特別注入心血參與的，是支援更生人的「支柱會」。「在他們獨立自主之前，我希望我們能夠充分扮演輔助支撐的角色。人生能有敗部復活的機會是比較好的……。」

因為降簱先生這樣的性格，讓山本先生等人對他抱持著超越同級生情誼的敬愛之意。山本先生視他為真正的家人，如同手足，以這樣的心情帶著一張遺照入宿加賀屋。在加賀屋的那晚，他想和同伴們一起懷念這位摯友的人生，再次為他祈求冥福。也難怪當勝美女士贈上這無可取代的寶貴時光時，他會打從心底對她抱持感謝之意了。

對「怠於筆耕」的山本先生來說，或許寫下的心意不及他想傳達的十分之一。然而，勝美女士從信上讀到他字裡行間所流露的心情，依然大受感動。

——四十年的資深客房管家

客房管家以加賀屋的客房為舞台，和住房旅客形形色色的人生正面對決，每一場都是真槍實戰。

此人的人生，亦充滿波折。

勝美女士的本名為木戶口勝美，她沒有使用源式名[3]，昭和十六年（一九四一）出生於京都舞鶴。今年（二〇〇六）三月，她已屆退休年齡六十五歲，但她表示會工作到九月底為止。即使過了耳順之年，勝美女士的嬌小身軀依然敏捷地工作著，她在加賀屋已經是工作近四十年的資深老手。

一直以來，勝美女士在待客的第一線無數次服務過眾多旅客，和投宿客人之間肯定也累積了不少難忘的邂逅與重逢。

勝美女士在每一個與旅客相會的夜裡都持續投入心血，即使她的服務生涯如此豐富，在降籏先生的遺照前獻供陰膳那一天的記憶，依然特別鮮明。

勝美女士以頗有感觸的語氣，開始說起她從山本先生那裡聽聞遺照一事時，瞬間縈繞在胸的心情。

「當我聽到這位已經亡故的先生生前總是說著想到加賀屋一住，我感覺到，這位先生雖然已經沒有了有形的身軀，但是靈魂卻確實和眾人一起來到了這裡……。那一瞬間，我希望能夠讓這群至交老友們開心，希望能夠盡我所能呈獻最高級的服務。我的身體自然而然開始動起來，告訴自己首先

擔任四水會客房管家的勝美女士

註3—不同於本名的化名。日本歷史上曾用於朝中女官和後宮女侍，平安時代至現代，從事風化行業的男女也會使用。現在在較為傳統的日式旅館中，服務人員在工作上也會捨本名而採用較為傳統的日本名字。

必須要準備陰膳才行，是這樣的感覺。在配餐室所準備的眾多鮮花中，我偶然挑選的白色風鈴草正是遺照裡的那位先生所喜歡的，聽到他們這樣說，我想是那位先生的心思傳達給我了吧。」

那天夜裡，山本先生他們在宴會上興致高昂，酒醉之後對著降簱先生的遺照說話，破涕為笑。在一旁斟酒的勝美女士被這樣的光景打動，融入了當時的氣氛，幾乎不願離席。

之後，所有人以降簱先生的遺照和陰膳為背景，邀勝美女士一起合影留念，更是讓勝美女士不由得再一次發自內心為降簱先生祈求冥福。

昭和四十二年（一九六七）八月，勝美女士透過職業介紹所進入加賀屋工作，當時她二十六歲。她與當時已經任職加賀屋櫃檯的謙二先生結婚，進公司後沒多久就懷孕，在當時的女將[4]小田孝女士的考量之下，將她從體力負擔較大的客房管家調任紀念品店職員。不過她挺著大肚子在廚房行走時失足，在金澤市內的醫院躺了三個月之久。

「我就是在住院的那段期間，下定決心一輩子領加賀屋的薪水，為了加賀屋，我要為前來投宿的旅客誠心誠意一直工作下去。這是因為孝女將雖然忙碌，卻一次又一次前來金澤探望我，我打從心底發誓一定要回報她的恩情。」

一切都是為了客人

勝美女士也經常受到這位孝女將斥責。在為剛抵達加賀屋的住宿旅客端上抹茶時，勝美女士在孝女將的貴客面前失誤，留下了丟臉的回憶。

客房管家在為客人端上抹茶時，並不一定都在榻榻米或是和式矮桌上。在迎接孝女將的重要客人那天，該位貴賓坐在和室中的成套西式桌椅上，經驗尚淺的勝美女士遵照旅館教導的端茶禮儀，跪坐在榻榻米上，想以此姿勢將抹茶端上長腳餐桌。然而因為她的身形嬌小，跪坐著怎麼也搆不到桌面，於是便成了難看的半蹲姿勢。

「我是鄉下長大的，動作難看是我的過錯。但是因為包廂裡女將也在座，我用不得體的姿勢端茶，使她顏面盡失。那時候，我看著同事們的動作偷學，太過躁進了。後來我被女將責備了一番。即使是現在，當我為客人端上抹茶時，都還是會不由得想起這件事情。」

勝美女士的父親出身世家，故鄉在能登半島突出端的珠洲。因為出生在有社會地位的家庭，教養十分嚴格，他再三教導孩子「不可以踩踏門檻」「不可以踩榻榻米的布邊」。每天

註4—日本傳統旅館的女主人、老闆娘。

早上，沒有向祖先牌位合十拜過也不能吃早餐。

如同這位嚴肅的父親一般，女將也嚴格地訓練勝美女士。她說，「女將因為對我有所期待所以才責備我。我抱著這樣的心情工作，每次受到女將告誡時，我總是告訴自己，這是父母心，要感謝。」

勝美女士和先生一起工作，將兩個孩子托給鄰居照顧，因為住得近，當時年紀還小的長子也有不少頓晚飯是在加賀屋吃的。

「只要想到女將把我和我的孩子當家人一樣疼愛，我理所當然就應該忠於加賀屋，為旅客盡心盡力」，她毫不猶豫地說。正如同勝美女士的這番話，她在生完孩子之後，甚至取得了廚師執照，她希望自己「不論在加賀屋的什麼崗位，都能派得上用場。」

女將明白她的志向，下了決定再次將她調任客房部門，從此展開了勝美女士真正的接待職涯。

「從客人一踏進加賀屋玄關的瞬間，我就忘記所有喜憂，心裡只想著『一切都是為了客人』，專心致力於工作。」就是這樣的勝美女士，才會有許多難忘的小故事，就像在降旗先生的遺照前祭上陰膳一樣。

——住宿客人再次造訪

那是距今約十年前的事。

有一天，在加賀屋的館內，一位年輕男性慎重地拿著一張照片朝勝美女士走來。

「請看看這張照片」，他說。

從這位年輕人手裡接過來的舊照片上，映著自己抱著嬰兒的影像。

勝美女士露出不可思議的表情，年輕人告訴她，「我還在襁褓的時候，曾經和家人一起入住加賀屋。我聽爸媽說，那時候有個女服務員非常疼我，重視我。我就想，有一天等我長大了，我要親手將這張照片交給她。而這正是您。」

勝美女士驚訝地一時語塞，仔細端詳照片之後，她漸漸地想起來了。

「哎呀，您變得如此高大帥氣了啊！」

她不由得提高了音量。這位以直立不動的姿勢站在她面前的年輕人，是一位自衛隊軍官。無須贅言，那凜然的英姿和爽朗的笑容，現在依然烙印在勝美女士的腦海裡。

勝美女士也有一些讓人感動得淚流不止的回憶。

和攜帶照片前來的年輕人再會之後的一兩年，有一天，櫃台聯絡勝美女士說，「有客人想見妳。」她急忙趕到旅館大廳，看見一位老者站著等她。

「請問您是？」

「我是一個承蒙妳幫助過的人。」

細問詳情之後，才知道這位老者是富山縣人，大約在三年前，他在加賀屋突發重病，緊急住進附近的醫院，勝美女士犧牲了休息時間和假日，如親人般照顧他。

他對著勝美女士訴說當時的情景，時而做出宛如合掌般的手勢，「我在客房無法動彈，妳不僅送我就醫，還數次前來醫院照顧我。在那之後三年的時間，我一直在富山的醫院持續和病魔對抗，在病榻上，我沒有一天忘記過妳。」

這位老人在出院之後，親自遠赴此地來見她。聽他道著感謝，勝美女士壓抑不住自己滿溢的淚水。

——看著母親背影長大的孩子們

勝美女士在加賀屋度過大半輩子，未曾因為感冒而休息。即使是孩子生病身體不適在醫院打點滴的日子，她也未曾請假。

「若要問為什麼，那是因為加賀屋給了我幸福的人生。只要想到如果沒有加賀屋，我和家人都沒辦法活到現在，當然就會專心致力於工作了。而且，能夠在公認日本第一的旅館工作，也讓我引以為傲。兒子打著點滴，當我離開他的床邊時，我告訴他『媽媽如果休息的話，客人會感到不方便的』。對我而言，顧客是如此重要。因為讓我們一家幸福度日的薪水，正是來自於客人哪。」

看著這樣的母親的背影長大的長子，是個愛讀書的少年。

然而中學時，當他知道母親「想要想辦法讓他上補習班」的用心，卻說，「媽媽比別人嬌小一倍卻竭盡全力工作，我不想用她辛苦賺來的錢去補習」，怎麼也勸不聽。

結果他沒有補習，卻以優異成績考上縣立高中，日夜埋首於讀書和足球。高中畢業後獲得當時的大藏省[5]名古屋海關錄用，現在於金澤市自營洋裝店，經濟獨立，非常優秀。

帶著降籏先生遺照投宿的山本先生一行人離開的那天早上，在加賀屋的玄關可以看見勝美女士的身影，笑容可掬地對著踏上歸途的旅客們揮手道別。

山本先生說，「沒有比這次的旅行讓我更開心的事了」，他向勝美女士深深一鞠躬。回到松本之後，他馬上到降籏先生的牌位前向他報告事情始末。他說，「我希望我們可以再一次一起去見見勝美女士。」彼時的心情仍在此刻心中。

註5─相當於財政部，二〇〇一年改制為財務省。

為了獻給亡妻而投宿

致　加賀屋女將女士

請恕我省略客套開頭敬辭。我計劃了今年四月十二日到十四日三天的北陸[6]之旅。因為是隻身旅行，我擔心不知能否投宿，便委託JTB旅行社預約了和倉溫泉的加賀屋。

大約三～四年前（二〇〇二年三月～二〇〇三年一月，金澤市舉辦加賀百萬石博覽會時）我曾經跟旅行團住宿過加賀屋。我和妻子都愛好旅行，四處出遊，我們從旅遊雜誌等刊物得知加賀屋『（在當時大概是）連續二十二年被專家票選為日本第一的旅宿』，而這個團也會停宿加賀屋，於是我們便報名了。

抵達旅館時我們吃了一驚，設備、客房、店鋪等都如此高級，而從迎賓那一刻起的用心，客房管家的顧慮、應對、無微不至的優質接待，更是讓我們驚訝連連。

因為是團體旅遊，隔天早上的出發時間很早，沒有辦法好好休息。也是因為這個緣故，我和妻子在離開前決定下一次兩個人來住，好好放鬆。

好景不常，妻子被診斷為癌症末期，住院一年後，平成十六年十二月底撒手人寰。即使是臥病期間，也一直念著「想去旅行」「想去加賀屋」「想住加賀屋」，我一邊照顧她，一邊告訴她，等妳痊癒，就算是推著輪椅也會帶妳去的。我還印出

註6──北陸地方，指日本本州島中部靠日本海的新潟、富山、石川、福井四縣。

加賀屋的網路首頁讓她看，卻依然回天乏術。

這次一方面當作是祭奠妻子，一方面也想整理自己的心情，於是便帶著妻子的遺照入住加賀屋。

抵達旅館時，經理親自迎接，客房管家花代小姐的溫言暖語也讓我深受感動。

另外在住宿上，館方為我安排了特別客房，更讓我感激地無法言語。謝謝您們。

花代小姐的用心無微不至，晚餐時甚至為亡妻準備了陰膳。她也為我解說晚餐的食材，知識非常豐富，能言善道，讓我不知不覺飲了一杯又一杯。這一切或許都是因為女將調教得好。如同我在首頁上看到的一樣，我強烈感受到前代女將小田孝女士的教導一脈相傳，無所不在。

餐點美味，澡堂也很舒服，水溫恰到好處，讓我幾乎想一直泡在裡面。

退房後，花代小姐送我到和倉溫泉車站，不僅如此，打從離開房間她就幫我提行李，一路提到電車上，真的很感謝。在途中她一直站著，我勸她「坐一下吧」，她說「我不能坐」，真的很敬業。她在月台目送我直到列車開動，開車前她向我揮手鞠躬道別。那時候我因為太過激動而熱淚盈眶，一直到下個車站都淚流不止。

這次能夠入住內人憧憬的加賀屋，而且接受最好的接待、用心和服務，度過幸福至極的短暫時光，我衷心感謝。我想再次致上謝意。

返家後我立即在亡妻靈前告訴她這一切，我想她一定也感到心滿意足。在女將出色指導的基礎下，經理、客房管家等為數眾多的員工貫徹服務精神，看著她們的身影，我確信，加賀屋肯定再五十年、一百年，都會是日本第一的旅館。

我在日本西端的九州長崎，衷心祝福加賀屋今後商運日益昌隆。

請務必代我向經理，尤其是優秀的客房管家花代小姐致意。

希望今後還有機會能夠住宿加賀屋。最後，請您也要注意身體健康，繼續加油。

因為想向您致謝，所以提筆寫下這封信。我天生文筆拙劣，望您見諒。

尾崎博人

想完成妻子生前的心願

妻子在病榻一直念著「想去加賀屋」，但生命卻走到了終點。男子帶著亡妻的遺照獨自投宿加賀屋。在那裡等著他的，是一位勤快且服務親切，非常年輕的客房管家。寫下這封信的，是住在長崎縣諫早市的尾崎博人先生，他在這封信裡殷切地寫出感激的心情，說亡妻的願望現在已經圓滿達成。

尾崎先生隻身一人從遙遠的長崎前來投宿加賀屋，是平成十七年（二〇〇五）四月十三日的事情。他透過當地的旅行社預約時，擔心「像加賀屋這樣的旅館不知道會不會接受隻身造訪的旅客」，加賀屋確切地感受到他的顧慮。不過他並沒有告知，這天的住宿同時也是為了獻給因病過世的妻子。

那天傍晚，尾崎先生從金澤車站搭乘特快車抵達和倉溫泉車站，和其他十位左右的客人共同乘坐加賀屋的迎賓

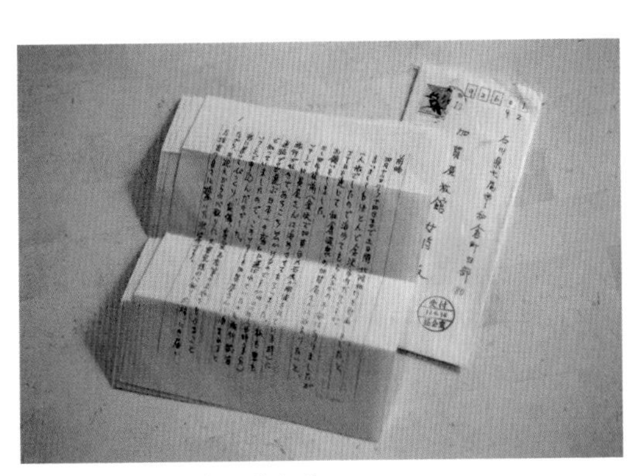

尾崎先生寫給加賀屋的信件

巴士到達旅館。他立即前往櫃台，經理帶著和藹的笑容出現在他面前，他不經意地瞥見旁邊還低調地站了一位客房管家。

「我是您的客房管家，花代。」那一晚，這位女性會為他帶來「一輩子難忘」的感動，讓他帶著被喜悅撼動的心踏上歸途……等等，尾崎先生全然無法預知，在幾個小時之後，這位佇立在經理身旁的清秀女性所帶來的服務，將讓他深受感動。

花代小姐帶他到客房，尾崎先生換上浴衣，期待著沐浴後的晚餐。當花代小姐開始在餐桌上擺放餐點時，他慢慢地從手提包拿出一張放在黑色相框裡的照片，輕輕地放在自己左邊。相片裡，是他的妻子芳子女士滿溢著笑容的昔日身影。

和愛喝啤酒的妻子來個只有兩個人的小小宴會，這也是此趟旅行的目的。尾崎先生說，「不好意思，能麻煩妳再給我一個裝啤酒的玻璃杯嗎？」花代小姐這時彷彿才察覺到照片，恍然大悟，說了一句「請您稍候，我現在就去準備陰膳」，便離開房間。

等了幾分鐘之後，花代小姐端著漆製的圓形托盤再次回到客房，她將托盤放在尾崎先生的餐桌旁，放上遺照、注入啤酒的玻璃杯和盛裝一道菜的小碗，最後還裝飾上美麗的花。托盤上呈現出尾崎先生有生之年第一次見識的陰膳，他自然而然濕了眼眶。尾崎先生原本就安靜少話，那瞬間，一直隱藏在他心裡的孤身寂寞也從胸口消失。

妻子微笑地看著，開動前，花代小姐也一同乾杯。這頓晚餐時間，是溫暖人心的片刻。

❁

花代小姐一直陪在身邊斟酒，陪他說話。尾崎先生問，「我在旅行時總是喝當地的酒，這裡有沒有什麼好喝的呢？」花代小姐隨即離席準備，並端來他喜歡的知名烈酒。彷彿是妻子或女兒陪伴身邊的安心感，在這樣和緩的氣氛中，微醺的尾崎先生開始一點一滴說起與芳子女士的回憶。

——「下次就我們兩個人一起去加賀屋吧」

尾崎先生出生於長崎縣島原市，高中畢業後，就職於NTT（Nippon Telegraph and Telephone Corporation）前身的日本電信電話公社。數年後，調派福岡縣岡木市（現在的朝倉市），在職場上遇見芳子女士，兩個人結婚。芳子女士與尾崎先生同齡，婚後，先生隨即調派長崎市，她也提出申請調任長崎，是一位以家庭為重的女性。後來她又轉任長崎縣諫早市，在那裡買下他們自己的房子之後，她便離職，長期過著終日以照顧尾崎先生及兩個女兒為重的生活。

芳子女士興趣良多，有和紙工藝、夏威夷草裙舞、吟詩等。她的性格爽朗，最喜歡的就是旅行。她多次與友人在日本國內旅遊，偶爾也和丈夫尾崎先生享受兩個人的旅行。這對感情和睦的夫妻第一次住宿加賀屋是在平成十三年（二〇〇一），是加賀屋連續二十一年蟬聯日本第一的輝煌之年。

寬敞、豪華、講究的客房和深入人心的接待，美味的料理和舒適的溫泉，連旅遊慣了的芳子女士也說「第一次住進這麼舒服的旅館」，放鬆享受。只是，那時候的住宿因為參加的是人數眾多的旅行團，早上出發時間早，沒辦法好好休息，令他們遺憾。「下次就我們兩個人一起去加賀屋吧」，芳子女士期待和尾崎先生兩人再次投宿加賀屋，是從這個時候開始的。

然而在兩年之後，芳子女士因為身體狀況不好到醫院接受檢查，醫師診斷為癌症末期，宣告只剩兩個月的壽命。芳子女士奮力與病魔搏鬥，希望能多少延長與家人相處的時間。在抗癌將近一年的平成十六年十二月三十日，終於竭盡力氣。享年僅六十三歲。

痛苦的抗癌期間，芳子女士也頻頻念著「想去旅行」「想住加賀屋」。尾崎先生總是陪伴在側，不斷鼓勵她，說「我知道，我知道，病好了就帶妳去加賀屋」「坐著輪椅也是可以

擔任尾崎先生客房管家的花代小姐

住的」，他還在電腦上找出加賀屋首頁，列印出讓病床上的妻子看，振奮她萎靡的精神。

在家人無微不至的照顧下，事情依然不如人願。芳子女士去世後，尾崎先生心裡想著，至少要帶著遺照前去住宿加賀屋，滿足妻子人生最後的心願。失去長年互結連理的老伴，接下來一個人要如何過下去，他也需要時間整理自己的心情。尾崎先生在芳子女士去世後不久，曾經單獨投宿住家附近雲先市的旅館，想要填補心裡突然破了的洞，卻完全沒有療效。

「結果還是只能到加賀屋去才行。這樣下定決心之後，我便踏上了一個人的旅程。」尾崎先生這麼說。

離家的那天早上，他對著芳子女士的牌位說，「現在我就帶著妳的照片一起出門」，然後朝加賀屋出發。

「喪偶孤寡雖然寂寞，但總是發牢騷也不是辦法」，這趟慰靈之旅雖然心裡隱藏著這樣的感傷，不過在好不容易抵達加賀屋，遇見一位客房管家之後，尾崎先生隱約透露出悲傷的這趟孤獨之旅，將昇華成為美好的回憶之旅。而這一切，花代小姐在閱讀一封寄給女將的感謝信之前並不知情。

我們是解決問題的行業

任職加賀屋將屆五年的花代小姐出身自三重縣，三十一歲的她非常活躍，已經自有一套接待哲學，是年輕一輩的實力派客房管家之一。

「啊，那一天啊。尾崎先生的事我記得非常清楚。一開始我也不是沒有想過為什麼他會隻身前來，不過我提醒自己不要過問細節，於是默默地提供服務。但是，當我正在準備客房餐點時，看到他從包包裡拿出夫人的照片，裝在相框裡，約 30.5cm*25.5cm 大小，悄悄地放在自己餐桌的左手邊，我就懂了，啊，原來如此，所以他才一個人來啊。」

花代小姐隨即決定準備陰膳，她離開客房，到廚房準備餐點和花。回到客房，在擺上陰膳之後，她也準備好芳子女士的酒杯，和尾崎先生一起乾杯。尾崎先生看起來心情並不低落，但是看得出來那是因為男人的矜持，不在年輕女性面前愁眉不展。

「尾崎先生沒有抑鬱不樂的樣子，他聊著這片土地、料理和當地的酒，看起來非常開心。可是，當我知道他這樣一位喪妻的男性搭乘電車獨自旅行來到這裡，便不由得感到一期一會[7]的深刻緣分。我們工作的其中一個面向，是每天、每天彷彿觀賞電影一般，看著不同旅客的人生劇。聽著尾崎先生說起夫人的事情時，我也覺得眼前彷彿上映著電影畫面。即使他不說，我也看得見。用我們的心去感受每一位旅客的心思，這或許就是客房管家的工作。」

那麼，在接待尾崎先生時，花代小姐是以什麼樣的心情來面對他的呢？在我拋出這個問題之後，花代小姐又用另一種表達方式開始敘述客房管家的形象。

「我覺得我們是解決問題的行業。在遇到尾崎先生時，我馬上想到，和這位先生秉持相同的情感是非常重要的。人們在面對旅館的客房管家時，總是會鬆懈心防，不經意地說出平常不會向親友透露的話。這或許是因為我們隱匿真名，使用源氏名的緣故。在川端康成的名作《雪國》中出現的駒子就是如此。在接待第一次見面的所有旅客，我們善解人意地提供服務，因為如此，客人才會敞開心房的吧。」

尤其對花代小姐來說，尾崎先生是「記在心裡的客人」，為芳子女士準備陰膳，安靜專心接待他的那段時間，讓她留下深刻印象。

「我想這是我個人的感覺，有一瞬間我會和我所服務的旅客融為一體。那一瞬間或許也可以說是回歸真正原原本本的自我，而不是『加賀屋的花代』。當然，那只是一瞬間的感覺。身為客房管家，我未曾逾越待客服務的立場。不過我想，那是和旅客的心思合而為一，感覺到共鳴的一刻。這道理或許也適用於人生。與其讀書獲取知識，我更想藉由服務旅客的經驗，

註7─此語源自日本茶道，指此次相會情境一生僅有一次，無法複製。

親身體會形形色色的人生光影來不斷成長。」

——到下個車站都止不住的淚

花代小姐的本名是朋美。不過，和住宿旅客接觸時以及在加賀屋工作的時間，她是徹徹底底的「花代」。她說，如果是朋美的話，「我或許完全不會想到陰膳」。

「我是因為在加賀屋這個組織中才得以發揮能力，由於背後有數百名員工支援，我才能夠以客房管家花代的角色來執行任務。如果有客人無法咀嚼較硬的食物，在用餐前才突然說『想吃軟一點的飯』，只要交代廚房，即使只是一位客人，一個小時之後，他們也會為他煮好。加賀屋雖然是規模這麼大的旅館，這樣的細膩周到卻總是讓我佩服不已。身為客房管家，我不禁要感謝這樣的團隊合作。」

有一位美國旅行公司的男性前來住宿時，指名花代小姐擔任管家，當時所有的溝通都透過口譯，離開時，口譯人員說「他說妳是『像風一樣的人』」，花代小姐聽了非常開心。

「這位客人覺得我像風，或許是因為我們的頻率相合的緣故吧。這說法雖然抽象，不過我想，總而言之，客人的感覺是不是舒服是最重要的。即使是一杯茶，只要用心去泡就一定好喝。用心與否，從眼睛看不見的差異所創造出來的舒適，正是加賀屋最大的魅力。」

❁

尾崎先生也因為這樣的舒適感而不知不覺忘了時間。隔天早上，尾崎先生從加賀屋退房，花代小姐送他到和倉溫泉車站。花代小姐一起搭乘旅館巴士，有空位她卻不坐下。到了車站，尾崎先生勸她「到候車室坐著休息一下」，她也沒有要坐下來的意思。仔細一看，從加賀屋前來送住宿客人的每位客房管家，都在候車室外排排站，等待列車到站。

「對她們而言，候車室是客人的空間，不坐下或許是理所當然的。可是在列車到站之後，她們甚至幫忙將行李送到車廂內，看著她們辛勤工作的樣子，我不知道為什麼壓抑不住淚水奪眶而出。這是獻給妻子最好的祭禮、有花代小姐陪著我才能有如此美好的回憶……，或許也是因為這樣感傷的情緒，讓我即使在列車開動之後，只要想到花代小姐一定還揮著手道別，便淚流不止，一直哭到下一個停靠站。」

回到獨居的家中，尾崎先生在牌位前供上在加賀屋買的伴手禮合掌祭拜，也前往附近放置芳子女士骨灰的寺院跟她說，「我從加賀屋回來了喔。一位親切的小姑娘服務得非常周到。」

尾崎先生沉浸在這樣的旅途餘韻當中，無論如何都想傳達自己的感謝之意。他所寫的感謝函，現在加賀屋仍珍惜地保管著。

在這之後，尾崎先生也數度享受一個人的旅行，他前往北海道的知床、京都、信州、上高地……。去年年底恰值芳子女士一周年祭，尾崎先生想起她生前說過「想去瑞士」，便背

著芳子女士生前愛用的旅行袋，前去欣賞阿爾卑斯山脈的雄偉全景。

花代小姐的回信送到他的手中，則是今年三月的事。據尾崎先生說，字面上可以看得出來花代小姐是躊躇著寫下這封信的。

「我真的如您所說，做到了充分的服務嗎？我所做的是不是真的值得您如此用心寫下這封感謝信給我呢？我思來想去，對自己沒有信心，所以一直沒有回信，就這樣過了一年，真的很抱歉。」看到這樣的內容，尾崎先生說他再次受到感動。

他立即回信，「妳的服務真的很棒，讓人印象深刻。」數天後，尾崎先生在自宅收到了花代小姐寄來的，能登地方以古法手製的日式蠟燭。

尾崎先生在芳子女士牌位前點上一支蠟燭，在那獨特的紅色火焰的溫度中，他再次回憶起那晚在加賀屋內心受到療癒的溫暖。

信函反映出的加賀屋眞髓

一開始我們介紹了兩封信函，都是來自於受到預期之外的陰膳所感動的客人。每年寄送到加賀屋的謝函，數量龐大。信件一如加賀屋所締造的感動次數，似雪花般飛來——用這句話來形容加賀屋的真實面貌恰如其分。接下來我們再摘要幾封書信，藉以揭開加賀屋的面紗。

——八封傳遞心聲的信函

信函　其一　為亡夫端上一盞抹茶

我提筆想向加賀屋致上謝意。我和（旅行團中同行）同房間的團員們一邊飲著煎茶，一邊自我介紹。我說我在三十五年前曾經和家人一起投宿加賀屋，也聊到我

先生已盡天命，於平成十二年七月去世，上了天堂。我先生在販售茶葉、日式糕點的商家出生、長大，持有花道、茶道的師資證照，愛下圍棋、享受抹茶，是個喜好日本傳統生活文化的人。

客房管家在房間沖泡抹茶招待我們時，她或許聽見了我說的話吧，她說，「請您的先生也飲一杯吧」，另外泡了一杯給我。我滿心感動，從包包裡拿出遺照，將這杯茶獻給亡夫。我想，天上的他一定也覺得很好喝吧。謝謝客房管家的貼心。

回想起來，在三十五年前的那個時代，家庭旅遊對平民來說就像是做夢一樣。

我先生常常出差北陸地方，他平常大多不在家，說是為了盡父親的責任，便帶著一家人到加賀屋住宿。從大浴場出來到海裡游泳、釣章魚等等，加賀屋對我而言是擁有深刻回憶的旅宿。

回家之後我和家人聊起此事，小女夫婦和孫子都說「外婆，這趟旅行真棒啊。外公一定也很開心。」我希望有一天能夠再次造訪加賀屋。您們對客人無微不至的態度令我感動難忘，衷心致上深深感謝。

（寄自一位愛知縣的女性）

信函　其二　自然不造作的陰膳及菊花

我從一月九日在加賀屋住宿了三天兩夜。旅館內乾淨清潔，非常舒適，能夠投宿日本第一的旅館真的是太好了。

我也非常感謝客房管家的貼心服務。我和女兒兩個人以慰勞之旅為題，選擇了貴旅館。之所以說是慰勞，是因為去年十一月我先生因病去世，女兒和我兩個人好幾個月都陪在醫院照顧他，卻還是無濟於事，先夫孤獨地往生西方。

在加賀屋的客房中，我們將先夫還健在時的照片置於餐桌上，母女兩人便前往澡堂。回房之後，晚餐已經準備好了。

仔細一看，小小的台面上插著白色的菊花，還擺著和我們一樣的餐點。客房管家淺乃小姐說，「請恕我自做主張做了這樣的安排」，我不禁熱淚盈眶。

真不愧是被譽為日本第一的旅館。您們的用心，還有每位員工的笑容，讓我這個也是做生意的人上了寶貴的一課。加賀屋的各位，謝謝您們。

（寄自一位滋賀縣的女性）

信函　其三　在加賀屋敞開心房的母親

這是家母身障之後第一次的家庭旅遊，能到「加賀屋」住宿，真的是太好了。

冬子小姐溫暖的服務令人感動，我衷心感謝。對於冬子小姐，我們一家人都能敞開心房，幾乎無法想像彼此是初次照面。父親、母親和我都由衷地感到愉快。

在多年之後，我終於又見到了母親那樣春風滿面的神情。在母親生病之後，這四年間讓她感受到最幸福的時光，應該就是在加賀屋了。

我永遠也忘不了在觀賞歌劇時，我以為母親的眼神會興奮地閃閃發光，卻沒想到她卻是泫然欲泣的表情。在夾雜著種種複雜情緒的心境下，我想那一刻她是感到幸福的吧。在這裡，我們有了三個人都難忘的寶貴回憶。

因為有冬子小姐，我們才能有這樣的回憶。因為有「加賀屋」，我們才能有這樣的回憶。真的謝謝您們。在「加賀屋」全然恢復精神的家母，現在會注重儀容，嘴巴也經常咀嚼，飯也能吃得相當多了。看見家母自己拿著湯匙用餐，我開心得眼淚都要掉下來了。

（寄自一位東京都的女性）

信函　其四　和小女年紀相仿的客房管家

我在前些日子投宿加賀屋，受您們照顧。謝謝您們。

（在我被引導到的客房中）一位女性前來致意，說她是負責這間客房的管家。

她對我說，「您從秋田長途旅行來到這裡，一定累了吧」，我吃了一驚，驚訝於她對自己所負責的旅客預先做了功課。我問她，「妳知道秋田嗎？」她說她出身青森縣。因為和她能以東北方言溝通[8]，讓我放了心，瞬間便化解了緊張的情緒，也決定要放心地讓這位與我女兒年紀相仿的管家，當天為我張羅所需。這或許也是您們這家旅館的用意吧，經驗貧乏的我全然未曾預期。

一開始，她向我說明逃生路線。這項說明每家旅館都一樣，然而接下來發生的事又讓我驚訝。我說，「我們都活得夠久了，不管是地震還是火災都不需要太過擔心」，她回答，「今天我是負責這間客房的管家，無論何時發生什麼樣的事情，我都一定會趕過來，請您們一定要努力逃難。」我吃了一驚。她的這些話完全沒有任何的炫耀，自然而然從她的口中說出，不知是她與生俱來的本領，還是源自於旅館的員工教育，總而言之，讓我這個從鄉下來的老人家感動不已。

而我這輩子第一次觀賞的歌舞秀，也因為「一日秘書」幫我確保了中間的座位，

註8—秋田縣與青森縣皆位於日本本州島之東北地方。

讓我可以舒舒服服地好好觀賞。這也是我難得的體驗。

用餐時，我透露是工作上的同事贈送旅遊券做為我七十歲的紀念，她便立刻幫我拍了照片留念。回程出發前夕，我女兒拿給我的「旅館送的紀念品」現在以熨斗紙[9]裝飾，擺放在餐具櫥上。能夠在旅館讓人替我慶祝古稀之年，實在是出乎我意料之外。謝謝您們。

（寄自一位秋田縣的男性）

註9—印有禮籤的禮品用包裝紙。

信函　其五　感謝協助照顧突然發病的妻子

我在前幾天和內人入宿貴旅館。當天，在抵達客房之後，內人的宿疾高血壓緊急發作，你們替我們安排了救護車。在那段時間裡，所有旅館人員對我們溫暖關照，我衷心感謝，真的謝謝。

我從之前就一直滿心期待，希望此生至少能住一次加賀屋，做為我工作一輩子的慶祝。雖然結果有些諷刺，但我接受到了其他人不可能經驗的，加賀屋的真正服務。我充分感受到，加賀屋在日本國內是第一家取得ISO9001的服務業，而且所有員工都徹底執行。

你們一邊詢問內人的狀況一邊做筆記的樣子，女將親自到醫院探視的身影，送壽司到醫院，深夜到醫院來接我們回房，宵夜、水果的招待等。另外，女將親自致電確認我們平安到家與否，在在都讓我們銘感五內。真的謝謝你們。由衷致上謝忱。

（寄自一位新瀉縣的男性）

信函　其六　和客房管家道別時，不知為何淚流不止

請恕我冒昧來信，我在前些日子曾和外子投宿加賀屋，慶祝結縭二十五周年的銀婚紀念日。

約二十年前，我們也曾造訪加賀屋。我一直希望能住宿重新裝潢、擴建後的加賀屋，此次終於得償所願。館方安排我們住宿「雪月花」館。一次又一次溫暖貼心的服務，讓我們度過充滿感謝和感動的時光，言語道不盡，我希望你們會懂。

照顧我們的小香小姐正是加賀屋的化身。離別的時刻到來，坐上載送我們到車站的巴士出發的時候，我不曉得為什麼哭了，眼淚不聽話流了下來。我至今也無法忘懷自己對著小香小姐揮手道別時，心頭湧上的感覺。

對這份緣分與貴旅館的用心，我衷心致上感謝，於是提筆寫信。謝謝你們。

（寄自一位愛知縣的女性）

信函　其七　「珍惜當下」的姊妹夫婦

我們姊妹夫妻四人參加旅行團，遊覽和倉溫泉及石川縣北部的輪島市。

客房管家惠理子小姐的溫暖接待，慰藉了我們。我無法忘記她受我們的話語感動的模樣。

雖然說父母所做的一切都是為了孩子，不過，養育這個世代的孩子很辛苦吧。不過孩子是看著父母的身影長大的，不論發生什麼事，只要笑顏以對，夫妻感情和睦，我想孩子就會乖乖長大。

衣著樸實卻心如錦緞，妳的笑容一定能點亮周遭。請珍惜今天，珍惜當下，加油喔！期待有一天能夠重逢。

（寄自一位神奈川縣的女性）

信函　其八　因突如其來的米壽祝賀而感動落淚的祖母

為了慶祝家祖母八十八歲米壽，我們投宿了貴旅館。壽宴非常圓滿、美好，也是多虧了加賀屋。雖然覺得冒昧失禮，但我無論如何都想表達感謝之意，因此提筆寫信。

此次的住宿，是因為家祖母說「我身體還行的話，好想到加賀屋住住看啊。」

於是我和姊姊商量，一定要帶家祖母到名冠日本的加賀屋，也叫上母親和嬸嬸，企劃了八十八歲的祝壽會。

當天，我們真的受到許多日本第一的款待。館方為家祖母準備了輪椅，而四個孩子在房內嬉鬧奔跑，館方人員也未顯不悅之色，還幫忙留意不讓孩子受傷。

而讓我們最開心的，是館方贈與的黃色[10]日式厚棉短外套、帽子、鯛魚，以及紀念照和女將致贈給家祖母的紀念品。家祖母的感動更在我們之上，在上洗手間時，她激動地放聲大哭。

我聽家母敘述此事時，也是滿腔感動。真的謝謝您們。再多的謝謝都無法完全表達我們的心意。

（寄自一位石川縣的女性）

註10　米壽的賀禮均取黃色，以天上的太陽、地下的沃土、黃金等大自然的恩賜為寓意，祝福老者今後也能平安健康。

——交織出因人而異的千萬種感動

在這裡摘錄的八封信函，只不過是加賀屋保管的數千封裡的一小部分而已。

從字裡行間可以窺見的，是每位寄件人對加賀屋所抱持的感動及感謝之心，在情節中登場的夫妻及親子之愛，甚至讓人回想起人生。加賀屋所提供的一夜住宿裡，確確實實地烙印著造訪者相繼感受的心情。

而且，負責接待的客房管家與寫下這些信函的旅客都非親非故，能夠讓第一次見面的旅客交織出這樣因人而異的千萬種感動，加賀屋的待客能力之強，令人驚訝。

在旅館中，與住宿旅客接觸時間最長的就是客房管家了。旅客或喜悅或失望，全取決於她們的接待成功與否。有時候，她們的服務也會招來嚴重不滿的客訴。客房管家的存在是如此巨大，不可估量。

——客房管家的要求就是客人的吩咐

即使是和經理、副經理層級的人談話，他們口中說出的也盡是「她們是真正的最前線」

「那些女性是待客端的主角」「我們扮演支援的角色，好讓這些演員陣容可以一絲不紊地工作」。

一抵達加賀屋，許多人會被設施規模之大，以及因此營造出來的旅館雅致氛圍吸引目光。不過，會留在記憶裡的，毋寧是客房管家以自然不造作的姿態相迎，以無懈可擊的動作巧妙地引導客人至客房，使客人心情平靜下來，感到安心，「啊，這個人會照料我們的一切」，而後受到感動。

她們在向客人進行大浴場、公共設施等館內說明，一邊引導客人到客房的過程中，會不著痕跡地目測每一位客人的高度及腰身，從旅館齊備的每五公分一個尺寸的浴衣中挑選恰好合身的衣物，送至客房。

許多旅館都會事前準備浴衣在客房裡，而加賀屋令人印象深刻的一夜，就從客房管家準確目測浴衣尺寸，隨即送到手中不讓客人久候的「機靈」與敏捷伶俐的服務，在各間客房中展開表演序幕。

進入客房，緊接在浴衣送達之後的，是客房管家為消除旅客長途旅行的疲勞，所招待的一碗抹茶和具季節特色的日式糕點。此時，客房管家第一次有機會正式向旅客自我介紹，在隨興的閒話家常中，雙方心靈之間的距離感一口氣縮短。

加賀屋在接受預約時，便會盡可能搜集資訊以了解旅客的住宿目的，然而會事前告知的旅客不過是極少數。客房管家與客人保持著不即不離的絕妙距離感，在適當的時機與客人接觸。多數的旅客是在無意間的交談中，不知不覺卸下心防說出「其實我們是為了慶祝」。

加賀屋就是從住宿客人這樣的言談中，側面得知他們原來是因為要慶祝，或是因為紀念日而前來投宿的。

沐浴後再次回到客房，客人會發現房間的壁龕放置慶祝用的木製酒桶，或是掛上與慶祝儀式相應的掛軸。

你以為他們準備了鯛魚[11]或蛋糕，結果還看到旅館專屬的攝影師前來拍攝紀念照片，或是樂團成員現場演唱祝福歌曲，真的是非常用心。

而這樣的用心放在前述感謝函中「陰膳」的情形裡，客人心中的悸動一定更甚。

話雖如此，就算知道住宿客人的個別情況，以客房管家一個人的判斷就能立即準備好陰膳，或是五十周年金婚、結婚紀念日的慶祝，這是為什麼呢？

那是因為加賀屋上行下效，「一切都是為了客人」的概念滲透到旅館的每個角落。

在一般印象中，如果是普通旅館，在宛如戰場般忙碌的廚房裡，經驗尚淺的客房管家或許無法拜託他們「請盡快幫忙準備陰膳」「請烤一尾慶祝儀式用的鯛魚」。

關於這一點，在加賀屋有一套哲學「客房管家的吩咐就是客人的要求」，出色地支援著她們「想讓自己負責的客人喜悅」的動機。也就是說，客房管家可以直接進出客房，隨時用心關注住宿客人的心情及表情的變化。而旅館的全體員工就像是流水一般，以客房管家為頂點，確立了整體配合的工作體制。加賀屋蟬連日本第一的其中一個祕密，正是隱藏在這一點裡。

這樣絕妙的分工合作所成就的突如其來的祝福，讓人不禁感激涕零，加賀屋的客房管家見過不少例子。

在最初的陰膳逸話中所介紹的勝美女士，過去曾經親眼見過一位小時候是孤兒，婚後也未能懷孕的婦人，在生日會最熱鬧的時候哭出來的情況，讓她也不禁跟著掉眼淚。

「住宿加賀屋那天，正巧是那位夫人的生日。抵達房間之後，她的先生悄悄地告訴我這些事情，我便準備了生日蛋糕替她慶祝生日。因為事出突然，夫人相當驚訝，她說，『我活了六十年，第一次有人替我過生日』，她握著我的手說『謝謝妳，謝謝妳』，淚流滿面，我忍不住也跟著哭了。」

註11—鯛魚因為外型好看，加上日文發音為「tai」，與慶祝之日文「medetai」一部分相同，因此常用在祝賀儀式上。

在超越「滿足」之處藏著「感動」

當住宿客人最期待的晚餐開始，客房管家便會斟酌每間客房的用餐速度，一道一道送上餐點。大量使用日本海、能登當地食材的奢華套餐，還有一道道下足了工夫的珍品，再加上客房管家恰如其分的解說，讓人更加食指大動，每間客房都流動著最幸福的時光。

即使不指定品牌，只要說出自己喜歡的口味，客房管家便會端上符合飲者嗜好的日本酒，這也是加賀屋的本領之一。他們平常不僅閱讀書籍、資料以累積日本酒及燒酎[12]的相關知識，更會瀏覽熱門話題的書本、雜誌，無論自己所負責的旅客來自何方，客房管家都具備客人所居之處的當地知識，這是在加賀屋工作理所當然的基本素養。

客房管家結束了一整晚的服務，在以巴士親送客人前往JR[13]和倉溫泉車站時，她們絕不落坐。她們也會幫忙將行李送到電車內的座位上。她們溫言暖語，始終笑顏以待。這一夜，她們為接待客人奉獻自己的全部，背負了形形色色的人生與日常。造訪加賀屋的眾多旅客，每個人都在心中刻劃下超乎「滿足」的「感動」，踏上歸途。

而且，正如同此處摘錄的信函，因為遇上意料之外的問題或急症，內心正感到極度不安時，客房管家彷彿真正的家人一般陪伴在側，共同分享著一喜一憂，她們的存在讓人興起「因為她在，所以我還想再去一次」的心情。許多在離別之際流淚的旅客，都是因為依依不捨的心情而紅了眼眶的吧。

夫妻兩人腳踏實地持續工作，一回神才發現來到古稀、耳順、金婚等人生的分水嶺。「為了獎勵我們自己，希望一輩子至少能住一次名冠日本的加賀屋」，抱持這樣的想法前來住宿的年邁客人中，也有人把負責自己房間的客房管家視為女兒或孫女來相待。

「這個孩子接下來也會在加賀屋精神奕奕地工作嗎？我真的希望她能幸福。」

客房管家以一期一會的心態奉獻自己於整晚的服務，如果對她們抱持這樣的父母心，分別就更加令人難受了。加賀屋之所以幾乎每天都能收到寄給這些隨侍在側的客房管家如雪花般飛來的謝函，祕密就在其中。

註12－日本固有的蒸餾酒，原料為酒渣、穀類或是藷類等，酒精度約為20~50%。

註13－Japan Railway，舊日本鐵道公司在一九八一年民營化之後所成立的七家鐵路公司合稱。

第二章　待客十誡

能登的不夜城
——創業一百周年的里程碑

加賀屋位於石川縣七尾市的和倉溫泉，位置在能登半島東側與本州島連接之處。和倉溫泉是個面海的溫泉城市，有二十幾間旅館在此營業。

平成十八年（二〇〇六）是當地發現溫泉兩百周年的里程碑之年，也是加賀屋迎接創業百周年的一大分水嶺。

能登半島突出於日本海，周邊海象洶湧，廣為人知。然而在和倉前方一望無際的七尾灣，位於與富山灣的西端相接的內灣，相對於面向大陸、強烈風浪終日撲打的外灣。富山灣以能登半島為防波堤，圓圓地彎向內側。從和倉眺望位於風平浪靜的海面上數公里遠的離島——能登島，景色非常美麗。

和倉溫泉傳說是從前有一隻白鷺鷥將受傷的腳放入海裡湧出的溫泉療傷，被一位漁夫看見而發現的「海中溫泉」。在日本全國溫泉地的起源傳說中，也有像這樣白鷺鷥登場的類似故事，許多都真假難辨。

然而和倉溫泉從海裡湧出泉源一事，在古文獻中也被證實，「海中溫泉」的稱號千真萬確是根據史實而來。現在的「和倉」這個名字，人們認為是源自於「湧泉之灣」的形容[1]。當時的溫泉泉源現在在加賀屋所在地附近，明治時期以後不斷填海造陸，訴說著溫泉街的拓展與時俱進。

現在，和倉溫泉一年的來客數粗估約有一百萬人，光是加賀屋一家便占了其中約二十二萬人。加賀屋集團中，同樣位於和倉溫泉的姊妹館「AENOKAZE」一年也有十一萬人造訪。加賀屋集團的兩家旅館一年就有聚集三十三萬旅客的能力，讓人驚訝。

一年有二十二萬旅客投宿的加賀屋，客房總數為兩百四十六間，住宿規定總人數為一千四百人，規模如此龐大。若將一年的住宿旅客人數除以三百六十五天，每一天約有六百人。將這個數字再除以客房數，計算下來每間客房有二．四幾的人入住。

實際上，也有團體旅客五、六個人併房同住，或是成員眾多的家族合住一間客房。包含深受年輕世代歡迎的「AENOKAZE」在內，一年的平均客房使用率高達百分之八十左右。一年四季連平日都接近客滿，沒有淡季，加賀屋聚集客人的能力令人瞠目結舌。

加賀屋的特徵之一，是四棟客房大樓從本館一樓衍生出去，每棟都是單獨而立的獨特結構。一棟是昭和四十年（一九六五）建造的「能登客殿」，一棟是昭和四十五年（一九七〇）

註1——「湧泉之灣」日文發音為yu-ga-wa-ku-u-ra，後又被簡化為wa-ku-u-ra，最後衍生出「和倉（wa-gu-ra）」一名。

建造的「能登本陣」，一棟是昭和五十六年（一九八一）建造的「能登渚亭」，一棟是平成元年（一九八九）完工的日本之宿「雪月花」。

若是看客房細目，能登客殿是四十間，能登本陣是三十六間，能登渚亭是七十七間，雪月花則是九十三間。雪月花裡另有名為「濱離宮」的十二間貴賓室。在這其中，仔細觀察能登渚亭、雪月花的基本客房構造，可以發現進玄關後約有一．五坪的穿脫鞋處、設有壁龕的日本茶道茶室風格的準備室、約六．二五坪設有壁龕的主要和室，並有約三坪屋簷下的外走廊。洗臉、穿脫衣服的空間和浴室、廁所則設置於玄關及穿脫鞋處的周圍。能登渚亭還有附露天浴室的客房。

——均一的服務是信賴的基礎

針對如此大規模的客房數量，客房管家共計一百六十五名，被分配為四棟客房大樓各樓層的負責人。以客房管家的人數來看，雖然不到一個人負責一間客房，不過如果在團體預約複數客房的情況下，會分配一位客房管家負責兩間客房，或是三位客房管家負責五間客房，客滿時則一人負責兩間客房。

女將是現任董事長小田禎彥先生的夫人，小田真弓女士。而小田董事長及真弓女士夫妻的長女，長谷川明子女士為中女將。小田夫妻的長男，也是專任董事的小田與之彥先生的夫人小田繪里香女士則為若女將[2]，積極活躍於旅館事務。過去，女將親臨所有客房向客人致意，打響了加賀屋的名號。不過這在客房數不多的從前還好，然而在客房數規模膨脹至此的現在，事實上是做不到的。因此，在各棟客房大樓安排了稱之為迷你社長的副經理，以及被喚做督導（group leader）的資深客房管家擔任迷你女將，負起各棟客房大樓的接待責任，到各間客房致意，留意每間客房的需求，以期萬全。

接下來，我們要向「想住一次加賀屋看看」的人說明大家在意的標準住宿費用。此處所示的費用為一間客房兩人投宿的情況下，每一位旅客的負擔金額。

首先，從費用較低的等級開始，能登本陣兩萬八千五百日圓，能登客殿三萬兩千七百日圓，能登渚亭四萬零五十日圓，雪月花四萬八千四百五十日圓，最後是濱離宮七萬五千七百五十日圓。順帶一提，上述是平日的費用，如果在星期五、星期日及例假日投宿，則另加一千零五十日圓，假日前一天及盂蘭盆節[3]長假期間住宿，則另加三千一百五十日圓。新曆年假期則另加一萬零五百日圓。[4]

註2－「若」字在日文中為年輕之意。在日本旅館中，經營者的妻子稱為女將，媳婦則稱為若女將。

註3－每年七月十三日～十六日，是日本僅次於元旦的重要節日，一般企業會放假一星期左右，民眾多趁此機會返鄉祭祖。

註4－標準住宿費用或因現實各種因素而有變動，此處資訊僅供參考。

也就是說，加賀屋無論哪個等級的客房住起來都絕對不便宜。或者應該說是非常昂貴，例如假設夫妻兩人住宿能登渚亭，光是住宿費用就超過八萬日圓，如果再加上酒精飲料或是冰箱使用費等種種費用，估計會花上將近十萬日圓。

一年內造訪的高達二十二萬人次的旅客，任誰在預約時都非常清楚這一點。人們不把加賀屋視為旅途中偶然停留的住處，而主要是做為結婚紀念日、六十大壽、七十七歲喜壽等的慶祝，當作是「大日子」的旅宿，這可以說是加賀屋的一大特徵。而觀光客裡，許多人以住宿加賀屋為主要目的，正因為如此，要求的服務品質高，種類也多。

在這裡我們必須再次提醒，確實，住宿客房的費用不同，餐點的菜單內容也會有些微差異，然而服務卻不會因為客房的房型或是價格不同而有所改變。細膩且融化人心的服務對任何人都是品質一致的，這是加賀屋的待客理念，也是眾多旅客之所以前來投宿，安心、放鬆地享受加賀屋絕妙服務的原因。

驅車駛在南北縱貫於被稱為能登半島背脊的付費道路上，從傍晚到夜裡，和倉溫泉面對七尾灣的一角映入眼簾，看起來特別明亮。

「今晚是哪些人沉醉在加賀屋的夜裡呢？」

在讓人不由得如此想像的「能登不夜城」裡不斷展開的，到底是怎麼樣的服務呢？一位旅客在抵達旅館後發了高燒，在加賀屋的周到照顧下痊癒，在此以他的感謝函做為開端，描繪那一天在加賀屋所發生的事。

——報導・以客為尊的旅宿樣貌

致　加賀屋

前些日子，我在旅途中身體不適，十四、十五日受您們照顧良多。

真不愧是加賀屋，我非常感謝。

所有人都溫暖貼心，日本第一當之無愧啊……，我希望還有機會再次造訪。

我已經完全痊癒，十六日那一天，我便能夠和其他的團員一起繼續旅遊行程。

我已經完全恢復，致力於工作。

真的謝謝您們。

我希望能夠不輸給優秀的您們，期望有一天自己也能成為讓人衷心感謝的人。

謝謝。

下一次去的時候，我想到大浴場泡泡澡。

這封信，是一位婦人寄來的謝函。平成十八年（二〇〇六）初，她參加旅行團，千里迢迢抵達之後不巧發了高燒，不但加賀屋的客房管家照顧她，櫃檯員工也帶她到醫院接受醫師診療。

＊

旅館的一天匆匆忙忙。每天，從接近傍晚的時候開始，載著團體旅客的大型巴士一輛接著一輛抵達，開著自用車或搭乘計程車到訪的小團體旅客、家庭旅客等小人數的客人也絡繹不絕。這匆忙的一天，從開始到深夜、翌日早晨為止，旅館的司令台就是前方櫃檯。

每天每天，大批住宿旅客都讓加賀屋熱鬧不已。櫃檯課的員工們一方面要應付入住手續的辦理，一方面要處理突發狀況或是意料之外的旅客客訴，團團轉地忙到深夜。

寄來此謝函的婦人入住當天，能登雖然沒有出現令人擔心的下雪情形，但是從早上開始，陰沉沉的雲就籠罩著天空，一整天冷得徹骨。

前一天入住的旅客大都退房之後，在一般的情況下，客房管家會目送踏上歸途的旅客，整理客房，然後到下午三點為止是休息時間，她們會各自回到附近的自家住所或租屋處做些家事或小睡片刻。

不過在這一天，金澤市內大型ＩＴ企業的大約三百名員工，從前一天便入住在此進行教育訓練，向加賀屋學習待客服務。這一天是為期兩天訓練的第二天，旅館人員同時必須兼顧訓練課程直到下午三點過後，幾乎誰都沒有休息。

順帶一提，對於想要向加賀屋學習待客祕訣的企業，接受他們的教育訓練申請也是加賀屋的日常業務之一。文中所述進行教育訓練的大型ＩＴ企業，將大約兩千名員工分為七個班，正依序送進加賀屋進行課程，是旅館正忙的時候。發燒婦人抵達的時間，正值第五班的課程剛結束時。

下午三點半送走教育訓練的一行人，緊接便開始為早些抵達的個人旅客、小人數的團體旅客進行入房登記。在此之前的一個半小時，未先行預約的自由行旅客來到飯店詢問，「今天還有空房嗎？」都是沒有訂定計劃，悠閒自在地享受能登之旅的夫妻，一個月約有二十對。

大約下午五點，當天人數最多的觀光旅行團一行約九十人搭乘三輛巴士抵達加賀屋。包含此團體，當天住宿旅客約有六百人，加賀屋派出八十位客房管家的接待陣容來應對。

一邊進行入房登記手續，櫃檯課的股長大野稔先生（三十二歲）同時想到，「有這麼大人數的團體，今晚酒精飲料的消耗量應該會很多。因為流行性感冒盛行，一定也有人有感冒初期症狀。希望不要有突發急症的病人才好……。」

據大野先生說，在旅行團中，互不相識的人長時間待在觀光巴士裡，因為心神和身體疲勞而造成身體不適的個案不在少數。

再加上這一天的旅行團中，年紀較長的人數眾多，任職服務台已經第九年的大野先生說他當時就有不祥的預感，「可能會有客人因為飲酒過量惹事，或是身體突然不適。」

面對突發狀況也要做最好的對應

加賀屋櫃檯課的「當班」工作，是櫃檯的負責人，上班時間從下午一點到翌日早晨九點。這一天的當班人員，是櫃檯資歷四年的中野秀宣先生（三十七歲）。

「今天是在安靜的氛圍中開始一天的工作」，大約下午六點半，中野先生如此感覺。而在六點半前，客房管家從一對來自京都，入住於雪月花的年邁夫婦的對話中得知，原來他們前來投宿的目的，是為了同時慶祝七十七歲喜壽和生日。

這對夫妻的客房中，不一會兒便送來女將費心款待的生日蛋糕，夫婦兩人為意料之外的驚喜祝福感動不已。甚至還出現了加賀屋專屬的墨西哥樂團，現場演奏帶著異國風情的生日快樂歌。夫婦二人甚為歡喜，正好在場一同感受客房熱鬧氣氛的客房管家也相當開心。

恰好在此同時，一通無助的求助電話撥進櫃檯。「我的同伴發了高燒，非常不舒服。麻煩請過來幫忙。」發燒的是參加旅行團的一名婦人，幾個人一起住在能登客殿的一間客房中。

在得知打電話的是同房的同行女性之後，中野先生從櫃檯直奔客房，與客房管家一起向婦人說，「我們立刻帶您前往醫院」，勸她到醫院接受檢查，該名婦人卻說，「不需要去醫院，如果有我平常吃的退燒藥的話，服下就可以了。」中野先生便回到櫃檯去取常備的藥品，然而這一款藥卻不在常備藥品的種類之中。因此，他到附近藥局訂購退燒藥，讓其他同事送到客房。在此期間，中野先生考慮到同房旅客，自行判斷將發燒的婦人及同行的女性朋友移往同一棟住宿大樓的其他客房。

「我的想法是，先觀察一陣子看看。」中野先生看著婦人吃藥，確定她好些之後，便暫時返回櫃檯處理業務。晚上八點二十五分，電話再次響起。

「她愈來愈不舒服，還是麻煩您們送她到醫院。」

這一次是由大野先生駕駛旅館接送旅客的專用車，帶著虛弱無力的婦人、同行的女性友人及旅行團的領隊，到車程約十五分鐘的大型醫院。

在客房突然身體不適的旅客並不少，帶客人前往醫院也是常有的事，這固定是櫃檯課的工作。大野先生原本想和平常一樣待到診療結束，但是婦人覺得不好意思，說「請您回工作崗位去吧」，於是他便返回加賀屋，在接到她們看完病從醫院打來的電話之後，再和其他同事一同前去接她們回來。

後來，這位婦人在隔天早晨之前便痊癒，她和同行的友人兩人脫隊再住了一晚，「昨天因為發燒沒能滿足地享受加賀屋的夜晚，希望能再好好享受一次」。加賀屋聽見她們的心聲，在女將的貼心考量下，讓這對旅客升等到雪月花客房。毋須贅言，這讓她們歡欣雀躍。

在這裡，我們將時針撥回前一晚。

發燒的婦人打第二次電話來的時候，加賀屋的宴會廳裡，參加同一個旅行團的一位男性因為酒醉身體不適，完全無法行走。剛進加賀屋工作一年的年輕櫃檯員工，推著輪椅趕到現場，將這位男性送回客房。

不久之後就是晚上九點。到了這個時間，加賀屋的櫃檯除了當班人員之外，還會有三位稱為「晚班櫃檯」的課員加入待命的行列。晚班櫃檯的工作是從晚上九點到隔日清晨六點，身兼夜間巡房工作的櫃檯業務。

通常，晚班櫃檯人員在的時候，當班人員也可以小憩一兩個小時。可是這天晚上，中野先生因為掛念從醫院回來的婦人，直到天亮都沒闔過眼。

有些緊張的中野先生一直守著櫃檯，隔天凌晨一點半，服務台的電話響了。打來的是一位在大浴場的男性旅客，在宴會上喝了酒，還有些酒意。這位男性口齒不清地大聲朝話筒喊，「我泡個澡出來，內衣、浴衣都不見了。被人拿走了啦。我怎麼辦？」一名晚班櫃檯立即趕到浴場，慎重地向這位男性客人道歉之後，遞上了從櫃檯取來的全新內衣及浴衣。

除了這樣的情形之外，還有住宿旅客會失足掉進館內的小溪裡，加賀屋為了應付這些突發狀況，經常備有S、M、L各尺寸的內衣褲及長衛生褲。上述男性旅客在拿到全新的內衣褲後心情轉好，在此同時，櫃檯人員找了找四周，發現該名男性旅客的內衣褲及浴衣好好地放在完全不同地方的置衣籃裡。他似乎是記錯了自己脫下衣服的地方，因此沒找到自己的置衣籃。

凌晨兩點，這次打來櫃檯的，是一通要求「請送加濕器到我們房間」的電話。一名課員馬上從總務課的備品倉庫拿出加濕器，送到提出需求的客房。之後，電話便不再響起了。天色未明的寬敞館內被靜謐包圍，不久之後便迎接安穩的清晨到來。

──擔任客房管家後方支援的櫃檯員工們

每年都有大量的旅客造訪加賀屋，在這些住宿客人中，多少會有一些人因為感冒發燒，或因為突發事故而受傷。無論是何種情況，都和寄送謝函的婦人一樣，許多人都在加賀屋的員工及女將親切細心的照料和援助下接受治療，安然地繼續旅程。在發燒婦人住宿的幾天之後，這次是一位不幸在旅途中跌倒骨折的客人來到了加賀屋。

這一天的櫃檯當班人員也是中野先生。在傍晚抵達旅館的團體旅客一行人中，有一位因金澤市內前日的殘雪失足摔倒而無法行走的老婦人。她抵達加賀屋時，櫃檯人員就聽說她因為跌倒之際的撞擊而感覺疼痛。晚上八點半過後，櫃檯接到電話說「她腳痛得很厲害，想去看醫生。」和前幾天一樣，大野先生以旅館專用車送她到附近的大型醫院。

在接受醫生診療時，才知道原來她已經骨折。醫生雖然告知她，「如果現在不在這裡立即進行手術，妳真的會不能走喔。」婦人卻不聽勸，堅持「不管怎麼樣，我都想在自家附近的醫院接受手術，我明天早上就回去。」

旅途中的意外事故會讓人陷入不安。正因為充分了解婦人「想回家」的心情，櫃檯課的每一位員工傷透了腦筋，思考著要用什麼樣的方法讓她平安返家才好。

婦人雖然是與幾位朋友同行，然而翌日清晨旅行團一行卻已經排定了觀光行程，因此也不能乘坐今天搭來的遊覽車回去。到最後只能請她搭乘從和倉溫泉車站發車的 JR 西日本特快車「雷鳥（Thunder Bird）」（開往大阪），除此之外別無他法。

從和倉溫泉車站發車的「雷鳥」列車的指定座位，多半坐滿了和倉溫泉的住宿旅客。那天早上的電車也是一樣，指定座位客滿，婦人便在旅行社領隊的陪同下，乘坐自由座位返家。

當天早上，和倉溫泉車站的月台在早上八點過後，就有一位連大衣也沒穿的身影排隊站在等候自由座席次的隊伍中。那是當班櫃檯直到天亮的中野先生。中野先生在寒風中哆嗦，在車站站了一個半小時。此時，加賀屋讓婦人坐上旅館自備的輪椅，以輪椅專用的計程車送往和倉溫泉車站。抵達車站之後，三名櫃檯人員將輪椅抬起，好不容易才讓她坐進自由座的位置。

這個時候在加賀屋，由女將指示，在位於金澤車站的加賀屋直營餐廳訂了兩人份的特製便當。餐廳因為聽說受傷的婦人吃不下油膩的食物，因此調製了清爽好入口的便當菜色。當電車抵達金澤車站時，員工便走到自由座車廂的座位，親手將便當交給婦人及領隊。

旅館的櫃檯人員，不但身兼都市型飯店的門房、大廳服務生、行李員，也會幫忙客房管家做些對女性來說吃重的工作，例如搬運整箱啤酒到宴會廳，或是協助在後台溫酒。在團體宴會的場合，他們也會和領隊開會討論行程，同時做些附加服務讓對方能再送新的團體客人來館，充分扮演業務員角色。

加賀屋的櫃檯課現在有十九位員工，如果說客房管家是站在舞台前方、接待旅客的主角，他們就是擔任從旁協助主角的角色，做為司令台，每天滴水不漏地關注館內的每一個角落。

正是因為有這樣的支援，客房管家們才能打從心裡微笑面對住宿旅客的吧。

成爲觀光巨匠的客房管家

——此人的存在就是加賀屋的待客工作守則

加賀屋的客房管家中，有好幾位都是非比尋常的專家中的專家。其中一人是唯一受到石川縣認定為該縣觀光巨匠的女性，各方經常邀約演講的岩間慶子女士（六十九歲，源氏名為長子）。

青森縣三戶町出身的岩間女士在三十三歲離婚時，她沒有讓自己變成行政機關關照的對象，依靠政府福利生活，而是下定決心自食其力撫養小學六年級及三年級的兩個孩子長大。「我要遠離出身故鄉，在另一片土地上從零開始打造我們母子三人的人生」，岩間女士在心裡發誓。她委託三家職業介紹所「在日本國內尋找員工安定，流動率低的旅館」，旋即被介紹的就是加賀屋。她僅擁有身上一套衣服便到加賀屋工作，那是昭和四十四年（一九六九）的事。

之後三十七年，岩間女士專心扮演客房管家的角色，現在則負責教育訓練，指導年輕一輩、或是剛進公司經驗尚淺的客房管家，過著忙碌的每一天。禮儀的教導是理所當然的，她也會向後進說明待客法則。晚上，她在團體旅客的宴會上以津輕腔[5]的民謠巧妙炒熱氣氛，白天則受市政府、醫院、稅務局等機關爭相邀請，「請您來談談待客服務的祕訣。」現在，她的存在本身就是加賀屋的待客工作守則，在傾聽她有著無數小故事的客房管家人生的過程中，也揭開了加賀屋待客祕密的面紗。本文想從岩間女士悲喜交織的經驗來介紹她銘記在心的「待客十誡」，從而了解客房管家的一部分專業素養。

待客十戒

一 激勵員工士氣
為了報答連親生父母也未曾給予的恩惠

「我一輩子都要為加賀屋工作」，岩間女士之所以如此言重，是因為「要報答這家旅館還不盡的恩情」。恩人是前一代的女將小田孝女士。追問細節，岩間女士開始一點一滴述說。

進加賀屋工作數年之後的春天，岩間女士的長男即將從國中畢業，準備進入名古屋的企業就職。他目睹母親從早晨到深夜默默工作的身影，堅持「我不想讀花錢的高中」。「可是媽媽想要想辦法，最少讓你讀到高中」，岩間女士一片父母心不斷說服兒子，高中的考試日期卻毫不留情地過了，岩間女士也只好放棄兒子的升學。某一天晚上，孝女將得知岩間女士親子之間的齟齬，趕往岩間女士的公寓並且責備了她。

「妳啊，為什麼讓孩子去那麼遠的名古屋工作？一定要讓他進高中，妳們母子得生活在一起。」

她就像是在對女兒說教一樣，留著眼淚一邊訓著岩間女士。隔天早上，她強押著岩間女士和她的兒子坐上加賀屋的公司用車，前往金澤市內的私立高中。這間高中的入學考試雖然已經結束，但孝女士似乎再三拜託了老交情的校長，才破例讓岩間女士的長男取得入學許可。

「這樣的情深恩重，連我的親生父母都不曾給予，要我怎麼報答才好」，她甚至不需要如此捫心自問，便下定決心要從這一天開始將一輩子奉獻給加賀屋。加賀屋為所有帶著年幼孩子的客房管家設立附設托兒所的親子宿舍「袋鼠之家」，便象徵著他們「激勵員工士氣」的真心誠意。

註5 津輕，指青森縣西半部地區。

二 我就是經營者 薪水承蒙客人給予

旅館的客房管家每天都有自己負責的客房，每一位管家都被這份必須竭盡心力的工作鞭策，思考如何讓她們在該客房所迎接的旅客感動、喜悅。岩間女士說「我就是經營者」，她的待客哲學簡明易懂。我向她詢問這句話的真正意涵，她如此斬釘截鐵地說。

「加賀屋有許多客房，雖然有大量的客房管家在工作，但我認為我們是向加賀屋租借客房一晚，用來當作自己負責的服務空間。不需要繳付押金，也不需要繳付禮金。租借如此奢華的客房來從事讓旅客歡喜的工作，沒有什麼比這更幸福的事了。這一點，我也跟年輕的客房管家這麼說，我們每個人都是自己所負責客房的經營者。只要有這樣的意識，便不會有替人工作的負面情緒。她們應該也會因此察覺到一個重點，每個月的薪資不是來自加賀屋的老闆，而是承蒙客人給予的。」

三　比「工作守則」做得更多

做到「客房管家十二訓」是理所當然的

加賀屋有「加賀屋客房管家十二訓」，以「面帶微笑、心思機靈」為座右銘。我不禁傾身向前問她，這是日本第一的有名旅館代代相傳的祕密嗎？然而從岩間女士口中所問出的答案，出乎意料地全部都是基本事項，「在客人到達之前，仔細檢查自己所負責的房間是否清潔，有沒有異味，火柴盒等備品組合是否齊備。」「在玄關迎接客人時，要準時集合，用精神飽滿的聲音向客人打招呼，溫暖地迎接客人。」「務必對所有在走廊擦身而過的客人點頭致意，用愉快的言語與他們交談。」「在客房裡要自我介紹，客人退房時，晨間的招呼要有禮貌。」

這些工作守則印刷在小卡片上，所有加賀屋的客房管家都隨身攜帶。這十二訓的內容雖然連外行人看起來都是理所當然，卻不能當成是天經地義。恐怕在日本的眾多旅館中，都訂有同樣的工作守則，運用在客房管家的教育訓練上。

那麼，為什麼加賀屋的接待會與眾不同，充滿人情味呢？是不是存在著其他祕密的工作守則呢？我向岩間女士提出疑問。

「沒有，沒有。並不是有什麼祕密的、特別的工作守則。我們平時隨身攜帶的卡片上所寫的工作守則，不過是最低限度的形式。不如說，我們是將工作守則裡沒有的服務，以自然不造作，不強加於人的方式獻給客人。這或許是讓客人歡喜的，加賀屋最高的工作守則也不一定。」

說到昔日的溫泉旅館給人的強烈印象，多半是男性客人為主，召來藝妓飲酒喧嘩的地方。然而近來的旅客都不是大旅行團，而是小人數的團體。而且想要悠閒、安靜地放鬆而造訪的女性客人占了全體旅客的一半以上，甚至是六成。客房管家與住宿旅客接觸時間最長，客人對她們所要求的服務性質也改變了樣貌。

岩間女士說明，「這麼說可能會稍微招人誤解，不過，女性客房管家要取得男性旅客的好感是比較容易的。然而，如果面對的是同為女性的旅客，就另當別論了。女性客人非常注意細節，心思細膩，在面對她們的時候，要保持不即不離的距離感，不斷地觀察留意，在必要時及時提供服務，卻又不能多事。這樣恰如其分的距離是不可或缺的。」

再加上，現在大家都知道加賀屋是稱霸日本四分之一個世紀的旅館，對於完美無缺的服務抱持期待的住宿客人每天大舉造訪，對客房管家服務品質的要求更是超越想像。

「因此，每天在面對面孔、心思都不同的旅客時，形式固定的工作守則幾乎派不上用場。我們從客人踏進玄關的瞬間，視線就片刻不能離開他們，仔細關注每一個人的行動及言談，滿腦子盡想著，我要為這位客人做些什麼才能讓他開心。看到客人從包包裡拿藥出來，在他要求『請給我一杯水』之前迅速遞上開水。看到客人的衣服脫線了，在留意不讓其他客人發現的情況下提醒他，並且以針線替他縫好。看見在外面遊玩回來的孩子鞋子上沾了泥，馬上為他洗淨、烘乾再送回。隨時隨地為每一位客人自然而然付出這樣早一步的用心，或許就是加賀屋待客服務的祕訣。在客人開口要求之前，自然不造作獻上的服務才叫做接待。如果是客人說了之後才做，任誰都會，理所當然，而且客人也不會感動。在有形的工作守則之外，我們自發加碼做得更多，此時，加賀屋的接待服務才算成立。」

四

貫徹心靈按摩師的工作
旅館的客房是放鬆的起居空間

大都會中的都市型飯店或許也有不少觀光客，但大多是商業旅客。對這些旅客而言，飯店或許是一、兩個晚上為了工作而使用。如果是商務出差，也有些人就在房中書桌擺上電腦，埋首於緊急的工作。可以說在一般情況下，多數客人都不喜歡受到干擾，希望一個人安靜地度過在飯店的時間。

相對於此，在溫泉旅館中，多數被引導至客房的住宿旅客會馬上脫掉衣服，換上浴衣，這瞬間，客房就成了輕鬆的起居空間。在這裡不可或缺的人物，就是照料所有事情的客房管家。這點和隔著一扇門便與外界隔絕的飯店有著壓倒性的不同，溫泉旅館是以旅館人員照管客人所需為前提。

更何況，加賀屋連續二十六年獲得專家評選為日本第一，許多人與其說是來到同樣位於石川縣的金澤市或能登半島觀光，順便下榻，不如說投宿加賀屋就是造訪的目地。

幾乎所有投宿於此的旅客共通的想法是，「如果是那間加賀屋，應該就能療癒我平日的疲憊吧。」「如果是那間加賀屋，他們的服務應該就會正合我意吧。」客人對加賀屋的要求超越其他旅館，期待著細膩如玻璃般的服務，甚至標準愈來愈高，相對地「不見容一點點的缺失」，使得客房管家的言行舉止動輒得咎。

據岩間女士說，同樣以住宿加賀屋為目的而入住的客人們，度過這一夜的方式卻真如字面所述，因人而異，形形色色。他們是來療癒疲憊的身體，還是想靜靜地充分享受溫泉風情，或者是來參加宴會熱鬧一場的，要掌握這些氣氛，方法還是只能靠溝通。

「和客人之間的對話還是最好的線索。在與對方談話的過程中，去感知這位客人期望什麼，用什麼樣的心情預約加賀屋，是否因平日的工作而疲憊，第一步先打開他的心房。因此，我們必須貫徹『心靈按摩師』的角色。」

這樣的工作態度，也可以從岩間女士自在變換的樣貌看得出來。如果她負責的是年長的男性團體，便會醞釀如長年結髮妻子一般的氛圍。如果對象是年輕團體，她的關心、說話方式則會變得像是母親一樣。當然，她同時也具備輕俏灑脫的一面，在宴會席上若有喝醉的客人開她玩笑，她也會在瞬間以不同的玩笑還擊。

五　不喜歡，就成就不了出色的工作
思考如何才能讓客人滿意

一年約有二十二萬人入住加賀屋，每天都有來自日本全國各地，第一次造訪的客人。而理所當然地，客房管家都會抱著質樸且極為自然的心情，想像自己今天負責什麼樣的住宿客人。

在如此眾多的旅客中，有人親切，感覺良好。相對地，也有一些看起來心情不怎麼高興，不好相處的人。「確實，如果知道那一天自己負責的都是容易接待的客人，客房管家會很開心。不過，如果因為客人與自己喜歡的類型不同而感到不安、退縮，那就有失專業了。」

岩間女士在三十七年這麼長的時間裡，以零遲到、零請假的紀錄工作至今，這樣的原動力正是「不喜歡就成就不了好工作」的堅持。岩間女士說，「這位客人可能有點不好相處，這樣的氛圍從辦理入住手續時便大概可以察覺，然而愈是在這個時候，我愈能燃起鬥志。我今天要如何讓這位客人開心呢？在他回去之前我絕對要讓他感動。只要在心裡銘記這樣的信念，在服務上費盡心思，就不會有問題。倒不如說，我甚至會期待和客人相見的第一瞬間，心想『我今天會遇見什麼樣的人呢？』」岩間女士毫無顧慮地笑著說。

筆者在加賀屋發覺的其中一件事情是，踏上歸途前先預約好一年後住宿的旅客，不在少數。對許多溫泉旅館來說，退房的旅客是一期一會，互相道別的客人。然而在加賀屋，離開時預約下一次入住，進而成為常客的客人頻繁出現。我們可以說這個現象代表了「一定讓客人心滿意足地回去」這洋溢在加賀屋全館的接待之心，確實感動了住宿旅客的心。不用說，在這些客人中也包含了少數因為難以取悅而遭其他旅館敬而遠之，卻在加賀屋嘗到滿足經驗的人。

六　不說「沒有」「沒辦法」展現誠意才是服務

打造加賀屋基礎的人很多，不過說到在百年歷史中達到傳奇程度的人物，前一代女將小田孝女士的名字便會浮上檯面。加賀屋以接待之宿馳名天下，如果待客的ＤＮＡ還生生不息的話，說其根幹是由孝女士扎下的也不為過。

加賀屋的規矩是絕對不說「沒辦法」「不曉得」「不知道」「沒有」，這一點孝女士一定思考過。在孝女士還在現場擔任第一線指揮的時候，曾經發生過一段插曲，後來為人津津樂道。

那是在某一晚的宴會上。有一位對於日本酒品牌有著特殊堅持的客人，說他想喝某一牌的酒，這款酒是跨越石川縣界，在富山縣的酒窖所釀造的當地酒，並不是加賀屋常備的品牌。一般的旅館可能會找藉口說「真的很抱歉，我們館內沒有，是不是能請您挑選其他酒品……」，孝女士卻泰然自若地回答客人，「我知道了，我們現在就為您訂購，請您稍候」，然後派計程車出發。

那段路程光是汽車往返就要花上三到四小時。受加賀屋之託，計程車全力飆速，當客人指定的酒送到加賀屋時，宴會早就已經結束。如先前所料，酒送到的時間已經是過了零時的隔天深夜。

孝女士應該早就知道一定趕不及在宴會結束之前送到，不過客人在知道加賀屋單單為了自己一個人特地叫計程車去買酒，對於這樣用心的對應，應該會非常滿意吧。

岩間女士的話自然蘊藏著力量。

「我們面對各種形形色色的要求，一定會有再怎麼樣都做不到、無法為客人準備的。但是，在聽見客人的期望或要求時，絕對不能說「沒有」「沒辦法」當場拒絕。還是要暫時離開現場，想辦法找找看。如果這樣還是無法應付客人所需，就應該說『我們找過了，館裡沒有。真的很抱歉。』如此一來，客人也會體諒『小姐，妳特地為我去找啊？謝謝妳啊。』讓客人感受到加賀屋為了他盡全力認真做而覺得心滿意足，這也是重要的服務。」

七

信賴會伴隨著努力認真而來
客房管家是客人栽培出來的

岩間女士在工作上使用長子這個源氏名，她忘不了在自己還年輕的時候，孝女士曾經鼓勵她的一句話。

「小長啊，妳只要努力認真工作就可以了，因為信賴是會伴隨著努力認真而來的。」

岩間女士雖然已經過了退休的年紀，但仍做為教育訓練負責人，日夜忙碌於後進的指導。她經常出現在新人第一次負責的宴會上。只要出現在客人面前，她一定會說「各位貴賓，這個孩子還是新人，可能會有不夠周到的地方，敬請各位多多指教。」

在這之前，客人們對於稍嫌遲鈍生疏的年輕客房管家會感覺奇怪，但是在知道「啊，原來是新人啊」之後，便會立刻變得體諒，「啊，不必擔心，不必擔心。這孩子非常努力認真啊」，甚至會多加照顧、支援新人。岩間女士細細領會孝女士所留下來的話，實際地體會到「客房管家是客人栽培出來的」。

八　身為客人公司的一員　與客人融為一體

相對於與家人、朋友來此盡情放鬆的旅客，也有一些客人是把攸關成敗的重要工作帶進溫泉旅館客房的。這裡面許多都是企業招待自家客戶，主辦的企業負責人為了服務重要客戶而繃緊神經，與他們之間的應對，對客房管家來說也正是真槍實彈的考驗。

岩間女士說，她也有過在這樣緊張氣氛下戰戰兢兢的待客體驗，於是我請教了她詳細的情況。她說，當時，要在能登建設發電所的電力公司與土地所有權者，在加賀屋的客房內展開交涉，情勢緊繃。

我從過去的報紙上確認此事，原來如此，報導中指出位於能登的發電所，其用地交涉長期在加賀屋進行，為期約十二年。在每次的交涉中，可以說一定會站在現場的，就是岩間女士了。

事前準備會議場地的，固定是主辦單位電力公司的人。他們要求保守祕密，最擔心的就是情報洩漏。有一次，他們的幹部質問岩間女士，「妳平常都是以什麼樣的心態來服務我們的？」針對他們的問題，岩間女士隨即回答，「我雖然是加賀屋的員工，然而在各位來館之際，我都是以貴社員工的心態來接待各位」，這樣的態度讓對方有了好感。不知道從什麼時候開始，能夠進入交涉現場的客房管家便變得只限岩間女士了。

在交涉漁業補償的場合中，漁業公會的會長激動逼問，「為什麼你們要蓋給都市人用的發電所，我們就非得犧牲不行？」電力公司負責取得用地的員工額頭觸地，跪在榻榻米上，這難堪的一面很難讓他們的妻小親眼目睹。岩間女士一個人持續見證著他們的忍耐和苦惱，有一天，她決定自己應該要利用假日，親眼看看發電所的建設用地。

「我真的戴上安全帽，穿上長筒膠鞋登船，請他們讓我參觀建設預定地。我當時一定是覺得，這塊用地讓負責取得的員工再三忍受屈辱，如果我沒有將這赤裸裸的現場烙印在自己眼裡，就無法做到真正的接待服務。」

昭和六十二年（一九八七），僵持不下的漁業補償交涉落幕。那一天，岩間女士和負責取得用地的電力公司高層、交涉對象三個人，搭著彼此的肩膀哭了。

關於那一天落淚的緣由，岩間女士說，「或許是因為我打從內心和客人融為一體了，所以當作自己的事一樣感到高興吧。」

九

鞠躬是免費的
走廊的正中間是給客人走的

走在加賀屋館內，擦身而過的每位員工都會確實鞠躬行禮。理所當然，我們也會自然而然地低頭回禮。不過，即使知道打招呼是人與人之間確實面對彼此的基本動作，要徹底執行卻是相當困難。但是，在接受對方微笑點頭致意時，人們會發現自己不知道為什麼心情和緩了下來。

「沒有人會對向自己鞠躬的人生氣。在加賀屋館內的每一個角落，員工都貫徹執行向每一位擦身而過的客人打招呼。在未曾受此教育的新人中，有些人即使心裡知道應該這麼做，卻遲遲做不到。這個時候我會灌輸這些年輕孩子這樣的觀念，『妳們就抱著鞠躬一次可以收到一百日圓的心情來做，頭自然就低得下去了』」，岩間女士這樣說。她確實常常對客人點頭致意。

不知道是否因為受到女將、以及這些身經千錘百鍊的待客專家薰陶，加賀屋的員工在走廊上行走時，也絕不會走在正中央。

「再怎麼說，加賀屋的主角都是客人，走在走廊正中間的一定是客人。」

十

生命意義成就一個人
秉持日本第一的榮耀來工作，這樣的喜悅是工作的原動力

「這份工作沒辦法靠學歷吃飯。我雖然只有國中畢業，但是在加賀屋，我體驗到來自他人的恩情，知道感恩，學到了抱持著生命意義來工作的可貴。領加賀屋薪水以來的這大半輩子，我沒有一絲後悔。」

在加賀屋裡，我也常常聽見其他人這麼說。從旁觀者的角度來看，溫泉旅館的客房管家從早晨到深夜盡心盡力為了讓客人滿意，無異是過度嚴苛的工作。

即使如此，每個人卻都笑容洋溢，表裡如一，眼明手快。這些加賀屋員工的原動力是什麼呢？我向岩間女士尋求這個問題的答案，她給了一個簡潔的回答，「那就是能夠秉持著日本第一的榮耀來工作的喜悅吧。」

*

岩間女士在採訪的最後留下的話語讓人印象深刻。

「女將對我說謝謝、謝謝，親密地叫我小長、小長，我想再也沒有其他待人如此親切的旅館了。所以我們希望聽見客人說『我會再來的』，也因此忘我地工作。這才是對加賀屋恩情的回報。我希望能夠訓練出更多優秀的客房管家。建築再豪華，餐點再美味，都不足以成就一間旅館。在工作守則的基礎之上，思考每一個人能夠展演出什麼樣的魅力夜晚。我希望能夠一直調教出懷抱著如此生命意義的下一輩人材。」

第三章　款待住宿的女性服務軍團

已成爲傳奇人物的小田孝

——第二代夫婦兩人三腳建立的基礎

加賀屋是由石川縣津幡町出身的小田與吉郎創立於明治三十九年（一九〇六）。津幡町與金澤市的北部相鄰，在石川縣境內位於加賀地方的最北端。位於能登半島，卻打出「加賀屋」的名號，這正是源於創辦人的出生地。

從創業以來到今年滿一百週年，支撐加賀屋走過一世紀的，正是經營上負全責的小田家成員。尤其現今以「款待之宿」獲得莫大人氣的加賀屋，為此奠定基礎的正是現任董事長小田禎彥的父親——第二代經營者小田與之正先生，以及在昭和十四年（一九三九）嫁給與之正先生的孝女士。

孝女士跟小田家同樣出身津幡地方，是掌管縣務、曾擔任津幡町長的地方政要之女，在自由的環境下生長。當時的加賀屋在已有開湯千百年歷史的和倉溫泉地區，還是間只有二十個客房的弱小旅館。孝女士以歷史悠久的老字號旅館女將們為目標，學習如何當女主人，由於是對旅館業完全陌生的外行人，在今日服務的DNA成形之前，她究竟歷經了多少艱難，著實筆墨難以形容。

如果想從過去尋求加賀屋精髓的祕密，解開今日享有高人氣背後的原因，若是略過探尋小田孝女士的生涯，就無法找出答案。在此我們試著將歷史的指針調到戰前。

——記取失敗經驗，邁向一流旅館之道

昭和十六年（一九四一），剛成為女主人的孝女士犯下讓自己扼腕的失誤。在七尾當地經營範圍廣泛的肥料公司幹部與交涉的團體，分別住宿於包括加賀屋在內的四家旅館，此時發生了一段插曲。

自從開湯時代以來，和倉溫泉就是日本罕見從海中湧出泉源的溫泉。現在雖然已完全化為陸地，分佈著多條幹線道路，不過在戰前從能登規模最大的七尾港搭船，

創業當時的加賀屋（照片提供：加賀屋）

第二代經營者小田與之正與小田孝

前往和倉進行溫泉療養的人很多。令孝女士感到懊悔的早期錯誤，正是當那些無法容忍過失的當地士紳，搭船抵達和倉時發生。

當時，船隻抵達和倉時，迎接客人是旅館重要的工作。問題發生的當天，孝女士和往常一樣來到港口，卻沒看到其他旅館女將的身影，埠頭也不見船隻的蹤影。

「是我太早出來迎接嗎？」

儘管留在原地等待就好了，孝女士卻折返住處，為剛出生不久的嬰兒哺乳，不知不覺睡著了。

她完全陷入熟睡。等忽然醒過來，慌慌張張趕到港口，船早已靠岸，當晚投宿加賀屋的客人當中，有一位劍拔弩張地對她怒吼「明明是最簡陋的旅館，結果老闆娘最晚來迎接，究竟怎麼回事啊！」。

孝女士一再道歉，帶領客人走入自家旅館的房間，卻看到桌上的煙灰缸殘留著前組客人留下的菸蒂……這下完了。「連打掃都無法令人滿意的旅館還能住嗎？」孝女士再次受到炮火攻擊般的責罵，在承受嚴厲斥責的同時，她下定決心：

「我還抱持著自己是素人的僥倖心態。好，接下來我要努力，讓加賀屋成為一流的旅館給大家看。」周遭的人都稱她為新手女將，或許在心底某處，自己也產生「是呀，因為我還不習慣」的懈怠心。深感自責的孝女士，從那一天起力求改變。

和倉溫泉在戰時，曾有段全部旅館充當陸海軍醫院的歷史。客房裡都是傷兵，好不容易讓一部分的客房獲得營業許可，住宿的客人都是來慰問傷兵的家屬或軍官。在當時，所謂的歡樂、溫泉療養仍屬奢侈，是個物資匱乏的年代。不用說，這樣的生意不會賺錢，但是加賀屋的與之正夫婦抱持著「為了國家，為了負傷的軍隊」的理念，不計利益盡心竭力服務。

——「跪膝」服務的原點

到了戰後，加賀屋能迅速重新營業，是因為過去的士兵覺得「當時的確受到用心款待」，相繼來投宿，透過這些人的介紹「去能登就要住加賀屋」，加上口耳相傳，來自全國各地的訪客造就契機。小田夫婦於是下定決心「落實讓客人一定會再來的服務」。

在戰爭剛結束的混亂時期，在和倉溫泉地區最早決定恢復營業的，應該就是加賀屋。證據就是到了星期六下午，進駐金澤的美軍軍官會搭吉普車前來。

在這樣的週末夜，孝女士的目光直盯著加賀屋裡的某位男性，他在席間飲酒談笑的美軍軍官之間，仔細地向每個人打招呼並斟酒。這個人就是當時的石川縣知事柴野和喜夫。「那麼有地位的人……」驚訝地說不出話來的孝女士慎重地去各間客房打招呼，形成轉變的開端。

旅館的女將去各間客房，向所有客人打招呼——這套加賀屋式的服務，後來在全國旅館推廣開來。有人向自己致意，沒有感覺不愉快的道理。孝女士總是不知不覺出現在宴席間，從主位到末座，對每一個客人說「歡迎蒞臨」，到處深深地低頭鞠躬。她的視線總是低於客人，膝蓋絕對不離榻榻米，運用膝蓋與腰部移動。在加賀屋，這稱為「跪膝」，不過也因為如此，晚年的孝女士膝蓋惡化，必須要藉著輪椅行動。

率先建立女將打招呼作風的孝女士還健在時，曾經去京都旅行，光臨知名料亭。在當地看到穿著和服向她鞠躬致意的料亭女將，令她相當感動。

一問之下，對方已九十二歲。據說向每位客人打招呼成為她每天的習慣。「妳做得很好呢」孝女士深受感動，親切地對她這麼說，聽說那位女將回答「什麼呀，加賀屋的老闆娘，我是在模仿妳呢」。原來精神矍鑠、態度凜然的京都女將，也是曾住宿加賀屋深受感動的客人之一。

──「滿足客人」比收支更重要

孝女士在生前曾說過這樣的話。「當我低頭鞠躬的時候，雖然看不見眼前的客人，但同時也在對將來會蒞臨的無數客人打招呼。在加賀屋渡過愉快的一日的貴客，一定會向朋友或伙伴推薦。」

加賀屋已經達成令人豔羨的服務、讓來客介紹更多客人，但是仔細、柔和地向客人打招呼的孝女士，總會在一瞬間掃視客房餐飲的擺設與用餐的情形、客房管家的應對、房間裡的掛畫、裝飾的花等。要是覺得料理不夠豐盛，她立刻會去廚房怒吼「追加那間客房的菜色，變得更豐富一點！」這種例子並不罕見。

當然，如果考量到收支，員工會對將利潤置於度外的孝女士提出「可是這樣會超出預算……」的疑惑。但是對於已獲得頂級服務評價的加賀屋而言，最重要的不是利潤，而是「客人的滿意度」。

「一切都是為了客人……」孝女士身體力行這樣的哲學，有時不分公私地招待客人，已經到了忘我的程度。在昭和三十年代初期，曾有來自新潟縣住宿加賀屋的客人，發生喝醉酒從二樓房間墜落庭園的事故。所幸沒有生命危險，但是腿部骨折，送往鄰近和倉溫泉的七尾市醫院。

據說當時孝女士每天帶著加賀屋自製的便當去醫院探望客人，持續前往離自家有相當距離的醫院慰問。她持續去醫院一個月，在退院當天，那位客人來訪加賀屋，這樣表示「是我自己的失誤，卻給旅館添了許多麻煩吧，比親人還要周到的慰問與看護令我很感動。我感受到這份心意，也獲得正面的經驗。」

究竟，哪些部分屬於生意，又有哪些是自己的心意呢？——如果這樣詢問，孝女士應該會回答「我心裡沒有這樣的區別。只要是能讓客人感受到的真心服務，不就好了嗎？」

一天二十四小時，孝女士都為工作忙碌，動個不停。在下著雪的夜晚，遊覽車比預定時間還要晚到許多，終於在半夜抵達，她不顧滿頭沾上降雪，在旅館的玄關持續等到遊覽車抵達為止。旅客們拿到熱毛巾、剛作好的熱騰騰飯糰時深受感動，忘卻寒冷與疲勞，這樣的場面每年在嚴冬都會出現一、二次，發生在雪國北陸卻是必然的情形。

——得以接待天皇陛下的喜悅

專心投入工作的與之正先生與孝女士，經營上了軌道，在戰後經過十年左右，加賀屋已成長為和倉溫泉地區獨佔鰲頭的旅館。對於他們兩位最大的榮耀，就是昭和天皇與皇后初次蒞臨加賀屋住宿。

天皇與皇后陛下蒞臨加賀屋，是在昭和三十三年（一九五八）秋，出席富山縣國民體育大會開幕式的歸途。當宮內廳傳來住宿的旨意時，據說兩人顫抖感動不已。尤其當宮內廳的侍從預先來準備時，與之正先生整晚沒睡，隨時等待侍從的指示。之後，夫婦二人去京都御所學習接待天皇與皇后陛下的禮儀，據說在正式接待前一個月就停止營業，全神貫注準備。

當天皇夫婦終於抵達加賀屋時，全旅館的工作人員嚴陣以待。這樣的服務或許是理所當然的，但是與之正先生還特別訂作了檜木打造的浴室，並在一旁設置了夜間守候用的房間，據說他整整兩晚沒睡，穿著禮服確認洗澡水的溫度、清潔浴池，使周遭的人都大吃一驚。

住宿加賀屋的行程順利結束，天皇夫婦返回後，與之正先生自稱為「穿著禮服的澡堂雜役」，將這件事視為難忘的回憶，寫在自己的著作中。加賀屋後來又多次接待皇族，當昭和天皇再度蒞臨住宿，據說天皇陛下親切地對孝女士說「妳仍然健康地工作吧？」

孝女士終生稱之為「孩子的爹」維持敬愛的與之正先生，他在十五歲時身為創業者的父親就過世了，作為加賀屋的繼承人吃了許多苦。在繼承家業時，加賀屋還只是三層樓的木造房屋，整棟房子只能容納六十人。十九歲母親過世之後，與之正先生在二姐夫婦的支持下維持經營，撐起加賀屋。

後來，與孝女士結婚後，他教導尚未熟悉的孝女士當老闆娘的原則，邊苦心思考如何擴張加賀屋，將接待的管理責任交給妻子，自己負責經營的部分，夫婦兩人三腳守護著加賀屋，奠定今日的基礎。

昭和五十四年（一九七九）與之正先生過世後，孝女士成為加賀屋的榮譽社長。社長的職務雖然由現任榮譽社長的長男禎彥接手，但是以完美服務為鐵則的經營理念不曾動搖，讓年輕世代傳承下去。由於長年在客房打招呼過度使用膝蓋，孝女士晚年過著不得不依賴輪椅的生活，平成二年（一九九〇），她七十六歲的生命劃下句點。孝女士在夢想中擘劃的「能登不夜城」，現在與二十六年日本第一的勳章同時綻放光芒。

女將的愛猶勝父母

——大型旅館何以能提供細緻服務

在百年間，加賀屋的經營由小田家持續負起全責。在這段時間之內，也就是董事長、社長、女將這些經營要角都是由小田家一族擔任，這是很明白的事實。

打開小田家的族譜，現在的小田董事長的祖父母與吉郎、乃平夫婦創業後，前代的與之正、孝女士夫婦奠定基礎，第三代繼承的現任小田董事長夫婦將業務大幅發展，所以有今日。加上常務董事是董事長的親弟弟小田孝信，以董事身分擔任同集團旅館「AENOKAZE[1]」女將職務的社長夫人恭子、董事長的長男與之彥擔任常務董事，夫人繪里香擔任若女將、營業部副部長長谷川滋的妻子，則是榮譽董事長夫婦的長女長谷川明子，她負責中女將的職務，各自擔任不同的角色。

除此之外，小田董事長的親戚舟田實先生擔任常務董事，淺田善治先生擔任副理等，確實呈現家族企業的樣貌。如果沒有小田家一族的團結，或許就無法維持加賀屋永續的繁榮。

註1——「あえの風」，從日本海向能登半島海岸吹拂的夏日季風，即大伴家持在《萬葉集》歌詠的「東風」。

但是，以加賀屋的情形，並不像社會上常見的家族企業為自己歌功訟德，虐待工作人員，與其截然不同。

其中有著重重牽連，不只連員工也受到強烈的家族意識牽絆，如果不是支持著經營根幹的小田家、長期維護旅館暖簾招牌的人們牢牢團結，使細緻的服務在這個巨大的旅館裡像微血管般扎根，我們可以斷言根本不可能做到。

不論有沒有服務守則，加賀屋的服務不會變質。其中最大的要因，說不定在於員工有著高度熱忱，想讓每天來訪的客人感動。

服務的本質在於「心」。這種化於無形、無從掌握的微妙之處，多少因人而異，卻又能讓每個人都能共同擁有，這就是加賀屋不可思議魅力的來源。想從加賀屋學習服務守則的同業，不論以前或將來，應該不少，但是幾乎所有的人，都不得要領，只能旁觀吧。

結論就是「一定有某種尚未解開的加賀屋祕密」等，即使心有不甘，但如果只是要求服務人員在形式上模仿自己住宿時體驗的款待，恐怕學不來。

在這裡，如果要列出提高工作人員熱情的理由，首先經營者尤其是女將，不就應該要對員工傾注愛與關心嗎？先前介紹過，已成為傳奇人物的小田孝女士的半生，孝女士目前仍活在現任女將小田真弓的心中，這就是最大的遺產。其實以客房管家的女性為首，在加賀屋工作的人們不自覺都存有報恩的意念。

「現在從事的工作是天職」

在加賀屋，以從孝女士的時代就開始活躍的客房管家為首，有著以各單位女性員工為核心的親睦組織「孝和會」。「孝和會」是與之正先生在昭和五十四年（一九七九），為了安慰因為喪夫而失去元氣的孝女士而創辦的組織，成員都是加賀屋的員工。正如組織的名稱所揭示的，是以孝女士為中心的團體，根據目前還健在的三位會員的敘述，我們可接近以女將為最高指揮，加賀屋女性服務軍團的後台。

已屆退休年齡，目前作為兼職人員，在人手不足時會趕到現場的客房管家武藏可壽子（七十四歲，源氏名加代子）出身石川縣珠洲市。昭和三十四年（一九五九），由孝女士面試後進入加賀屋。

珠洲市是延伸向日本海的能登半島頂端的小城。基礎產業包括漁業、農業，經營各項農業的當地男性，到了冬季轉往大都市的工地現場賺錢的例子，直到二、三十年前，在當地並不罕見。

昭和六年（一九三一），武藏女士誕生在漁夫家，是家中的長女。在她八歲那年生母過世，還留下三個更小的弟弟妹妹。同年，她的父親很快就再婚，繼母後來也生了四個孩子。在荒涼的海域收獲不豐，艱苦的生活缺乏母愛，武藏小姐在忙於照顧眾多弟弟妹妹的過程中長大。

武藏女士成年後數年，婚後在輪島的料理屋工作，最後終於跟不打算工作的丈夫離婚，他就算偶爾打工，連一毛錢也不會用來支付生活費。當時武藏女士帶著二歲的女兒不知何去何從。料理店的某位常客問她「如何？要不要去加賀屋工作……」於是她在二十七歲獲得機會進入加賀屋工作。

從這一年開始，武藏女士跟女兒兩人，在加賀屋的女性員工房間一隅開始生活，由於女兒受到視如己出的照顧，看著她的笑容自己也感到幸福，於是能專注於擔任客房管家的磨練。

但是，武藏女士已下定決定不依靠任何人，在她心中，有著「這麼好的生活該不是夢吧」的想法。考量到已經開始懂事，漸漸長大的女兒的將來，她漸漸開始煩惱「繼續在旅館工作好嗎」。

當她決定要辭去工作，孝女士彷彿看透她的心，對她說：

「加代，妳怎麼了？臉色不太好，如果有什麼煩惱要說出來喔。妳也很辛苦，不管怎樣都沒關係，希望妳一直留在這裡。」

在成長過程缺乏母愛的武藏女士，不需要再聽到更多話語。孝女士對她傾注的愛勝過父母，在武藏女士的眼中，孝女士與母親的身影重疊，在聽到這段話的一瞬間，她決定「我要把加賀屋當成自己的娘家」。

之後，武藏女士成為有志結成「孝和會」的一員，有時，她在孝女士與其他同仁的環繞下一起參加員工旅行，這成為她最大的樂趣。在旅途的宴席中，孝女士對在場的每位加賀屋客房服務人員，就像平日接待客人一樣，向她們跪膝酌酒，也不忘慰問感動得發抖的武藏女士「加代，努力工作也要保重身體呀」。由於受到孝女士恩惠的薰陶，武藏女士成為堅毅的客房管家。

在漁人家出生長大的武藏小姐，聲音宏亮，會用能登方言炒熱宴席的氣氛，完全不輸給男性，於是受到能登的土木工程業者團體、漁夫團體、當地七尾高中畢業生等有興趣的團客指名。四十年過去，仍保持交流的常客每年都會在加賀屋聚會，享受相聚時光。

而且每個團體在踏上歸途時，都會先預約翌年的聚會。這也是加賀屋成為武藏小姐生存意義的理由。

過去她為如何安排女兒的將來而擔心，現在女兒已經嫁到奈良縣，掌握屬於自己的幸福。在加賀屋附近持有一棟房子，過著獨居生活的武藏女士，名義上是兼職人員，實際上是「孝和會」最後一位仍在服務的成員。

「我每天都因為能在加賀屋工作而覺得感激。接待的工作是我的天職。」武藏女士這麼說，只要身體還能動，就想繼續擔任加賀屋的一員，這是她深切的願望。

也有人跟武藏女士一樣同屬「孝和會」成員，在加賀屋工作，之後也在和倉溫泉地區獨立，開設自己的旅館，以女將的身份活躍於當地。

那就是昭和三十五年（一九六〇）開設能登景觀飯店壽苑（現名「宿守屋壽苑」）的多中雛子女士（八十一歲）。十五歲時在當地的和倉郵局工作的多中小姐，應當時的加賀屋社長小田與之正先生之邀「希望妳能來我們旅館當總機小姐」，昭和十二年（一九三七）她進入加賀屋，長期負責接受電話預約與算帳、分配房間等工作，支援現場。

才剛嫁到加賀屋不久的孝女士，比多中女士年長十二歲。多中女士是唯一在孝女士學習成為女將時就認識的人。這麼一聽，我想詢問她關於當時孝女士的記憶，多中女士感慨地說「雖然我不是客房管家，整天待在結帳處，但是回想全日無休，總是在接待現場身先士卒的老闆娘，她那充滿氣魄的身影依然歷歷在目。」

——聽到指示才行動是可恥的

還有一位也是「孝和會」的會員，昭和二十四年（一九四九）開始擔任客房管家的刀祢美保子女士（七十三歲），也有受孝女士嚴格要求的經驗。刀祢女士開始工作時，加賀屋有位女性的源氏名是「柳子」，幫許多幹部級客房管家處理信件。

根據多中女士、刀祢女士的回憶，這位女性在戰前曾是東京著名的一流藝妓，據說在某個時期曾與文豪永井荷風熟識。在戰後她隻身來到和倉溫泉地區，據說先在其他旅館工作，後來到加賀屋。在柳子的管轄之下，擔任各種貴賓室接待的刀祢女士回憶，柳子很高雅，不只是穿著有品味，應對優雅而且懂得茶道，對於政治、經濟、文化、歷史等話題也能應答如流。

柳子不僅是美人，在當時的客房管家中，也有數一數二的地位，究竟她是孝女士還是與之正先生挖角邀來的，現在加賀屋已經沒有人知道當時的過程。不過，從那個時候開始，在孝女士周圍，以柳子為首統率的客房管家軍團一直存在。

在加賀屋，包括客房奉茶的方式、出入客房時開門關門等基本打招呼、迎接、送行時的禮儀，如果有守則的話，這些基本的待客形式應該是在這個時期建立的。

刀祢女士回顧說「我們稱之為『軍團』，包括客房管家在內，加賀屋的員工認為，如果聽到社長或女將的指示才行動是可恥的。大家會察顏觀色，

以柳子女士（右四）為主建立的款待之道，持續至今（照片提供：加賀屋）

女將現在正在想什麼，自己在現場應該要做什麼，採取行動，這就是加賀屋的風格。」

正因為這樣的靈敏度，後來稱為軍團的這些老手們的舉止，透過言行綿延不絕地傳遞下去，成為規律、令人愉快的加賀屋待客原型，臻於完美。

從加賀屋圓滿地辭職創業的多中女士，目前在所謂旅館業的同行世界，跟過去的孝女士居於相同立場，教導年輕的從業人員。「傳授女將工作內容的孝女士，是我終生的恩人。在和倉溫泉地區我最尊敬的，除了孝女士沒有別人。正因為奉行她絕不對客人說『沒辦法』的堅持，所以才會有今天的我。」

在說出這番話的多中女士內心，回想起自己見習旅館業的種種，為了獨立希望減少在加賀屋的時間，孝女士對她悄悄抱持著「要獨當一面闖出一番成績喔」的溫情。這也是在加賀屋學到的教誨，多中女士最後以「對於自己旅館裡的客房服務人員，我希望能讓她們幸福。因為這是從孝女士那裡繼承的精神」作為結論。

刀祢女士的想法也不謀而合。她在昭和三十年（一九五五）結婚，對方曾在東京磨練廚藝，後來在加賀屋擔任廚師，六年後，由於丈夫在和倉溫泉地區開設壽司店，兩人一起離開加賀屋。「如果沒有在加賀屋的歲月，我們夫婦的人生也會完全不同吧。孝女士教導了做生意的心、人生的生存之道，她是我唯一的老師。」

刀祢女士家的壽司店距離加賀屋很近，在和倉地區也是很受歡迎的壽司店，生意繁盛。

幸福召喚幸福
——能夠育兒又能同時安心工作的環境

旅館的一天很早就開始了。負責客房服務的女性工作人員，為了準備要送往客房的早餐，通常在六點就開始上工。起床的時間大約在四點到五點之間。雖然情況因人而異，或根據旅客退房的時間不同，有些日子必須早點出門，有時稍微晚一點到也沒關係；但是對於孩子還小，又要一邊工作的女性客房管家而言，最強大的後盾就是加賀屋附設完備幼兒園的現代宿舍。

目前為止，關於加賀屋魅力的祕密，在本書中一直以所謂「款待的精神」略為抽象的面向介紹，不過，能夠直接喚起工作意願的，還是生活環境與便於工作的環境。

對於在現實生活中有各自的生活，同時還要兼顧育兒的客房管家來說，選擇在加賀屋工作還有一個重大的理由。

距離加賀屋五百公尺左右的地方，有處為親子設立的宿舍，模仿袋鼠將孩子放在自己的口袋中保護養育，取名為「袋鼠之家」。竣工於昭和六十一年（一九八六）九月，是棟八層樓的鋼筋水泥建築。一樓全部作為直屬加賀屋的「袋鼠之家幼兒園」，由八位資深的幼教師早晚輪值七班，從早上六點到深夜十一點四十五分照顧園童與小孩。

除了八樓的倉庫之外，從二樓到七樓都闢為加賀屋的員工宿舍，包括二十八戶、親子共五十人居住在這裡。在「袋鼠之家幼兒園」，有十一名幼兒園童與列入照顧對象的二十六名小學生。八坪和室加廚房餐廳的房租是每月一萬三千日圓，如果再加上六坪大的和室，房租是每月一萬八千五百日圓。

在這間「袋鼠之家」，有位托育兩名孩子一邊工作的客房管家——月子小姐（四十一歲）。新潟縣出身的月子小姐在當地的高中畢業後，先在外工作，三十歲開始幫忙家裡店面的工作，同年結婚。但是六年後離婚，留下五歲的長女與四歲的長男，她下定決心要憑自己的力量養育孩子。

但是，結婚後，她一直過著家庭主婦的生活，既沒有工作，也沒有證照，究竟要在哪憑什麼工作生活下去？她感到非常迷惘。

「無論如何，一定要改變現在的生活……」

月子小姐抱持著這樣的想法，有一天，她無意間在女性雜誌上看到加賀屋的廣告。上面印著「二十年日本第一」的輝煌字樣，但月子小姐的視線停留在頁面角落徵人的小字。

〈托兒所完備〉

她立刻想到「就算沒把握也要試試看」，寫信給加賀屋。之後，當加賀屋的錄取通知送達，她立刻來到加賀屋。行李只有母子三人的衣物與棉被。

一直在家中育兒的月子小姐，回想當時「自己一直悠哉地擔任家庭主婦，頭腦可能已經僵化了。我究竟能不能勝任面對人的工作，或是出社會賺錢呢？在抵達加賀屋前幾個小時，腦中閃過的都是不安的念頭。」

可是，加賀屋已經空出「袋鼠之家」一間住處等著她。平成十三年（二〇〇一）二月，在北陸地方依然寒氣徹骨的冬夜，母子三人淒涼的心在一瞬間感受到溫暖。

「在抵達當日，我們母子就已經分配到自己的房間，從那天起，不但讓我們用餐，也可以洗澡。這家旅館的胸襟究竟有多深，已經超越感謝的程度，令人感到不可思議。」接下來五年，月子小姐的孩子們從早上六點到晚上十點，都在「袋鼠之家幼兒園」跟其他小孩一起玩，等到上小學之後，以托管學童的型式等待母親下班，直到長大。到了夏天，孩子們會搭乘加賀屋的大型巴士，跟母親一起享受整天的海水浴。出於加賀屋的細膩考量，為了不讓沒有父親的孩子感到寂寞，公司會舉辦聖誕派對，或由社長發壓歲錢，每一個孩子都能領到。

——看著母親的背影長大的孩子們

或許正因為如此，孩子們看到自己的母親不分寒暑，都以凜然的表情面對工作，望著母親的背影長大。不只是分配到居住空間與食物，每個孩子的眼中，都深深印著為自己努力工作的親人身影，將他們培育長大的「袋鼠之家」，空間如此寬敞，無疑也只有繼承了小田孝先生靈魂的加賀屋才能做到。

在加賀屋的幼兒園，工作邁入二十三年的幼教師中山幸子女士（四十三歲）斷言「不論我們投注多少感情，都絕對贏不過母親」。「袋鼠之家幼兒園」與其他幼兒園最大的差別，在於加賀屋的員工到了中午休息時間，那些當媽媽的人就會回來。這是從一大早到深夜都得工作，擔任客房管家的母親與孩子們無可替代的相聚時光。也就是親子一起團聚在餐桌前的午餐時間。

「即使只有一個小時的相聚時光，那些孩子跟最愛的母親邊吃飯邊聊天，回來時表情會變得很開朗。」中山女士這麼說，她曾見過在加賀屋工作的母親們，當孩子一發燒，就算只能抽出一點空檔，也會設法來幼兒園看自己的孩子。「那已經是好幾年前的事了，有個發高燒生病的孩子，一看到從工作中抽空來探望的母親的臉，忽然就退燒，恢復元氣了。」

中山女士與「袋鼠之家幼兒園」其他幼教師，都有強烈的意識要暫時替代母親，總是竭盡心力想營造出家庭的氣氛。她們工作的意義，就是贏得在加賀屋第一線服務的女性們全盤信賴。有時候，住在「袋鼠之家」的小學生，學校要是舉辦什麼活動，她們也會去看孩子們努力的樣子。

「在那樣的時刻，聽到孩子叫自己『老師』真的很開心。我們幼兒園最得意的，就是讓孩子慢慢長大，使他們身體健康。由於孩子們受到關愛，所以很容易親近。」中山女士所說的話，涵蓋了生活在「袋鼠之家」的親子們健全的樣貌。

——因為自己感到幸福，所以能帶給客人幸福

「我現在很幸福。孩子們都很健康，自己也沒有什麼重大的煩惱。」

月子小姐這麼說，她已經成為加賀屋優秀的客房管家，充滿活力地每天忙於接待客人。「正因為自己感到幸福，所以也能讓客人百分之百滿足，感受幸福的滋味」由於經驗的累積，也有常客攜家每年正月指名由月子服務，在加賀屋渡過。

這戶家庭常客每年必訪加賀屋的最大原因，是家中最小的孩子對月子小姐已經很依賴，要求父母「想去見小月阿姨」。如果自己的孩子缺乏幸福健康成長的環境，說不定對於別人家備受關愛、活蹦亂跳的孩子就不會這麼親切吧。月子小姐對於喊著「小月、小月」，向自己撒嬌的常客家孩子們，一定也投注了超越客房管家的母性關愛吧。

「我們客房管家的工作，使得接待每位客人的時間都很長。這讓原先根本不認識，首次見面的客人，在一夜之間就變成彷彿朋友般熟悉。使用「朋友」這個詞可能會引起誤解。但

是，可以將彼此的距離感縮減到這麼近，這份工作的確有不可思議的魅力。由於在這裡工作，所以遇到在漫長人生中原本不會見面的眾多客人，實在令人喜悅呢。我會這麼想，全都是因為加賀屋是我們母子賴以為生的場所，也是能安心渡日的地方。」

再過兩年，她的小兒子就要從小學畢業。這麼一來，依照「袋鼠之家」的規定，月子小姐就要搬出去。但是，已經完全成為加賀屋的一員，對於擔任客房管家也相當熟練的月子小姐說「當然，以後我還會繼續在這間旅館工作下去喔。」並開朗地笑著。

——祖孫三代都任職於加賀屋

在櫃檯課工作的烏畑真優小姐（二十歲）的家人，除了母親由里子女士（四十二歲，源氏名惠里香）擔任客房管家，祖母靜枝女士（七十四歲）過去也以客房管家的身份長期工作。她們一家在加賀屋是著名的親子三代。

而且，真優小姐在袋鼠之家幼兒園長大。看著從一早忙到深夜的由里子女士的背影，在「彷彿像自己家一樣」的袋鼠之家幼兒園成長，她對中午也身兼母職的幼教師們也很憧憬。

她從當地的高中畢業後，「出於成為『袋鼠之家』幼教師的夢想，我一心想著如果進入加賀屋工作，就能學習如何當幼教師，所以成為員工」這樣的想法很有意思。

從那之後整整兩年，真優小姐在與客房管家有著密切關聯的櫃檯課值勤，也切實體認到母親與其他客房管家工作的重要性與難度。

「為什麼我從三歲開始，就幾乎一整天都在『袋鼠之家』的幼兒園渡過呢？」

瞭解其中原因的真優小姐，提起兒時眼中的由里子女士：

「我從三歲起就進入『袋鼠之家幼兒園』，從每天早上六點到晚上十點，都受到老師的照顧。當時幼小的心靈也想著：奶奶、媽媽也很辛苦吧，所以我是個不吵不鬧的孩子。幼兒園的老師都很用心照顧我們，無微不至，不知從什麼時候開始，我覺得老師們就像自己的母親一樣。」

根據由里子女士說，真優在還很小的時候，曾經對著休假時待在家的自己喊著「老師」。

「我一直專注於服務客人，在忙碌之際，連晚上也不在家，投入工作。當時年紀還小的女兒，卻能慰藉身為母親的自己，對她我感到很過意不去；但是沒想到她竟然叫我『老師』，聽到時真的非常震驚。」

儘管如此，進入加賀屋後，真優開始以尊敬的眼光看著母親「她的存在令人無法忽視，穩重而且很有威嚴。」

「在家裡雖然是媽媽，但是在加賀屋時就是資深前輩，我待在櫃檯，是最先接觸到客人的角色，光是這樣就要相當費心，而客房管家接下來將所有時間花在接待客人上，至到翌日早晨，只在一夜之間要完全掌握對方的心思。我覺得好厲害呀，實在很佩服。」

對真優來說，加賀屋的牽絆就像家庭的牽絆。原來，一年前在和倉溫泉地區開鐵板燒店的父親，直到五、六年前一直都在加賀屋擔任廚師。她十八歲的弟弟與就讀小學四年級的妹妹，也待過「袋鼠之家幼兒園」，包括祖母靜枝在內一家六口都與加賀屋關係密切。

由里子女士與婆婆靜枝女士之間，也有難以忘懷的記憶。

「媽媽跟我在家裡時，只是一般普通的婆媳關係，但是為了工作只要踏入加賀屋，就會轉變為資歷不同的客房管家。我來自金澤，跟先生結婚後搬到和倉，沒過多久在婆婆的建議下進入加賀屋工作。在加賀屋工作的婆婆是位精力充沛的忙碌職業婦女。她在我對工作還不習慣時，會大聲指正與鼓勵，一直看顧著我。這份母愛現在輪到我投注在自己女兒身上。」

說出這番話的由里子想對真優小姐傳達的，當然是加賀屋的款待之心。真優小姐說「不論是母親或加賀屋，都鍛鍊著我何謂款待之心、歡迎之心。我透過工作認識的旅館業界人士們說，加賀屋對客人太過周到，但是如果不這麼做，加賀屋就不是加賀屋了。」看來她已經完全繼承了真心款待的DNA。

磨練人生的修練旅宿
——感覺像一家人的職場

加賀屋除了女將之外，還有分別負責能登客殿、能登本陣、能登渚亭、雪月花等棟客房的接待，肩負重責大任的客房督導。她們就像是迷你女將般的存在，除了要去各客房打招呼、給予客房管家指示，如果遇到客戶抱怨，還要設法解決問題，相當忙碌。

在這幾位客房督導中，有位福岡縣出身的望女士（四十六歲）。平成三年（一九九一）入社的望女士，也具備在企業中從商的工作經驗。不過當她面對各種各樣的事情，思考今後的生活方式後，自然而然覺得「想要重新展開自己的人生」。

她強烈意識到加賀屋，正是在迎向生涯轉機之時。「所謂的日本第一究竟是如何，我想體會看看。如果可以的話，我想在那裡試著成為日本第一的客房管家。」望女士抱持著這樣的想法，毫不猶豫地離開自己出生長大的福岡。加賀屋也非常歡迎擁有豐富職歷的人材。

望女士想去加賀屋任職並沒有什麼障礙，唯一的問題是雙親激烈反對。「就算是日本第一的旅館，也不過是服務業啊。」她的父母這麼說，抱持的仍是傳統印象。

但是對於想制止女兒，甚至說這份工作是「旅館的女服務生」的雙親，她完全無計可施。

如果不是女將小田真弓女士寫信告訴他們「我會好好照顧令嬡，請兩位放心」，望女士根本不可能成為客房督導。

在加賀屋開始任職的女兒，究竟從事著什麼樣的工作，她的父母起初似乎還抱持著懷疑的態度。沒過多久，有親戚在能登渚亭住宿兩日，將望女士工作時充滿朝氣的樣子拍攝下來，給她的父母看。在影片中，他們看到女兒在井然有序又清潔的館內，朝氣蓬勃地工作，笑臉盈盈地接待客人。不用說，這使得一直為女兒擔憂的雙親大為放心。

「這裡是相當健全的職場」望女士這麼說，當她還是新人的時候，就負責接待董事長小田禎彥的客人。當然，這是資深客房管家交待的工作，看到她緊張的樣子，小田董事長問她說：「如何？」，詢問她開始工作後的感受。董事長當場將望女士的話記下，據說過了幾天之後，又把她叫來，仔細聆聽她的想法。

「明明有眾多員工，而且又是這麼大的公司，高層人士還願意聆聽基層新人的話，他的胸襟相當令我感動。人越是居於高位，就越謙虛……他就像是人生的楷模一樣。」透露這段故事的望女士，有著好勝的性格。「我的確是這樣呢。以前我說話容易盛氣凌人，現在回想起來，說不定我只是任意照著自己的意思而活。」

儘管如此，加賀屋對人心的掌握細膩到可怕的程度。董事長、社長會對正專心工作的員工說「今天是你的生日呢」，這是加賀屋相當尋常的景象。要是感覺身體不太舒服，女將會悄悄地遞上漢方藥。許多員工都受女將的真誠打動，自然萌生「無論如何要報答這份恩情」的意願，表現在行動上。不禁讓人覺得加賀屋就像一個大家族。

——現場的怠慢與客訴息息相關

多次受到真誠關懷的望女士，也如魚得水般成為受重用的客房管家。她瞭解到自己隱藏著其實很喜歡人的一面，就在努力接待客人，看到來客臉上綻放笑容時，自己的內心也受到淨化，「我開始覺得工作不只是公司分配的工作，也是自己的工作。」望女士說「從那時候起，自然而然就覺得『絕對不想向客人說不』……」

角色類似迷你女將的客房督導，包含望女士在內現在有兩人。這兩人要管理超過一百六十人的客房管家，要提升現場服務品質、注意有無疏失、員工的言行舉止會不會引起客人的不快，是相當耗費心神的工作。望女士笑著說「我負責扮黑臉。另一位督導應該算是白臉吧。透過這樣平衡的組合，公司託付了相當的重責大任給我們。」

加賀屋最不能接受的，就是客房管家缺乏服務熱忱，明明可以做到卻不去做，明明發現了卻裝作沒看到的樣子，以忙碌為藉口或當著客人的面偷懶。人會受到感情的驅使。有時也會情緒不振吧。加賀屋的員工也一樣，不可能全體工作人員都完美無瑕。但是，正因為許多人都期待加賀屋的款待完美無瑕，這種僥倖的心態無法容忍。服務現場的怠慢，對旅館來說是最恐怖的事。

「為什麼呢，因為客人會比我們直接顯露更多感情在臉上。但是，比起激烈地抱怨，忽然緊閉上嘴保持沉默更可怕。一直到剛才為止，原本愉快說話的客人忽然不說話了，或是在應該很開心的用餐時刻，客人忽然按下電視的開關，一定要察覺是不是客房管家有什麼疏失，造成不滿。作為督導的我們會履次去客房，看看有沒有客人晚上六點時心情還很愉快，經過兩個小時後變得很不開心。這樣的確認也表示深切顧慮，我們謹記在心。」

有時也有男性客人喝了酒以後，騷擾年輕的客房管家。平時讓客房管家感到緊張的客房督導或資深的客房管家，這時就會化身為可靠的保護者，毅然地守護著年輕同事。

日日都像是一期一會的嚴格挑戰。「明明聽說是日本第一而來，面對客人，那樣的說話方式很粗魯」明知道不合理，最後一定還是會挨罵。在連續贏得日本第一榮譽的加賀屋現場，考驗跟隨而來。

——創造因應不同客人的服務守則

根據望女士解釋，社會上一般的常識、客人的常識與加賀屋的常識並不一致。在登記入

住後帶領一群客人導覽房間，一開始奉上抹茶時，客房管家一定要確認誰是地位最高的人。在和室裡如果有壁龕，壁龕前方是主位，如果房間裡沒有壁龕，後面才是主位，主位的左側則是次位。

在望女士所撰寫的服務守則中，也寫著這類條例，但是在不拘於上下關係的情況下，實際上究竟該坐哪裡，也完全不清楚。在加賀屋，就算是這樣的情形，客房管家在介紹客房時，就會不動聲色地觀察這幾位客人的互動，判斷誰才是地位最高的人。

儘管如此，還是相當困難。當外表年齡相近的幾個人在房間裡，結果，是對著坐在主位的人先奉茶。但是，對主客恭敬還是會遭到其他客人紛紛斥責「不對喔。應該要先倒茶給我」這樣的情形一點都不稀奇。如果在平常一般的旅館，服務人員或許會說「可是，我又不知道呀」，以一句話推卸責任。但是，加賀屋要求細緻、確實的服務甚至涵蓋到這種地步。為什麼呢，因為加賀屋是日本第一的旅館，客人也都這麼想。

「簡而言之，並沒有適用於所有人的守則。我們只能憑自己的動作與留心為每位客人創造獨一無二的原則，就算為了小事受到客人斥責，也不能說非常抱歉、不好意思，這就是加賀屋。我們會回覆客人『感謝您的告知，讓我學到一課』。」

接連不斷的緊張壓力，超越傳聞及想像。但客房管家的動作看起來依然從容不迫，這究竟是為什麼呢？當我這樣問的時候，不愧是望女士，她回答：「的確，有客人說，加賀屋的客房管家好像很悠哉呢。不過那是因為我們舉止俐落，所以有放慢速度的餘裕。俐落跟急躁是不一樣的喔。」

始終保持笑容

——為什麼選擇加賀屋

加賀屋在二〇〇六年春，讓二十二位新進員工加入接待的陣容。其中，編派為客房管家的有五人，我詢問其中兩位新人「為什麼選擇旅館業，為什麼想進加賀屋？」

第一位是來自東京的石倉涼子小姐（二十四歲）。石倉小姐高中畢業後就讀培養營養師的專門學校，剛開始在提供定食的連鎖飲食店打工，從此開始對於讓客人綻放笑容的服務業感興趣。正當她的工作表現受到肯定，公司寄予期待，想提拔為正職人員的時候，她又重新去讀餐旅——新娘專門學校。

不過，她並不只是空泛地看待服務業，而是很明確地決定「畢業後要在旅館工作」，所以進入加賀屋可說是如願以償。為什麼不選擇時髦、帶有都會氣息的飯店，而對旅館的客房管家感興趣呢？當我詢問她的動機，石倉小姐如此回答：

「在專門學校的同學中，想在飯店任職的人一定很多，但我認為從迎接到送客，在特定的房間專門為旅客服務，擔任像這樣的客房管家，才是服務業的原點。在飯店有所謂的行李員、門房這類職種。的確，接待眾多客人或許是件困難的工作，但是只有從大門到電梯，守備範圍侷限在大廳附近，對我而言還不夠。」

石倉小姐在第二次進專門學校一年後，就開始找工作。但是不論就讀的專門學校貼出的徵人啟示，或網路上的求才，都與她「在旅館工作」的志向相反，幾乎都是飯店在徵求工作人員。其中，好不容易看到靜岡縣伊豆的旅館，參加甄試，但是那家旅館看來需要的是經驗豐富，能立刻派上用場的熟手。

石倉小姐很遺憾地沒有被錄取，雖然她知道日本第一加賀屋的名號，但是上網查並沒有徵人的消息。「加賀屋太厲害了。就算錄取，自己完全沒有經驗也不可能勝任」於是她打算放棄。

在她入學時，就詢問學生志向的專門學校老師說「就算應徵旅館工作失敗過一次，還是有希望啊。老師跟加賀屋負責人事部門的主管聯絡看看」，還幫忙打電話，因此石倉小姐獲得進加賀屋的機會。

進加賀屋工作的時間是平成十七年（二〇〇五）五月中旬，她的父親似乎很驚訝「為什麼要去那麼遠的鄉下？」，但她的母親鼓勵「決定想工作的旅館很好。要好好努力。」

接下來過了大約一年，順利從專門學校畢業的石倉小姐與其他新人，在平成十八年（二〇〇六）三月十八日正式入社。在前一夜，加賀屋讓全部新進員工都住在客房中。這群年輕人非常緊張，當黃昏時來到玄關，客房管家並排說「歡迎光臨」迎接她們。

在介紹完客房後，接下來新進員工接受抹茶的招待，也嚐到點心，據說她們心裡都為之一震「這就是加賀屋的『款待』嗎」。這些人所接觸到的，是日本有名的一流待客之道，看到面帶笑容，舉止俐落的女性們靈敏的身影，不用說，石倉小姐想著「我也要成為客人眼中這樣的客房管家。甚至有一天超越前輩」。父親所說的「鄉下」一詞，當場也消失得無影無蹤。

在進公司以後，由於聆聽公司高層的演講而神經緊繃，並為旅館內的清掃與宴會準備的體驗實習，忙碌不已的石倉小姐這麼說：

「我想一直保持笑容。如果努力熟悉工作，自己的私生活也會很充實，就能以真誠的笑容面對客人。我完全不會感到不安。」

雖然還沒決定自己的源氏名，但是看到公司提供的建議名單，她準備選「希和子」這個名字。「因為，我想一直懷抱希望，和諧地讓工作進行……」有朝一日，我們會看到獨當一面，笑容親切而且工作伶俐的和希子。

———「加賀屋人」的目標究竟是什麼

接下來訪問的，是兵庫縣神戶市出身的吉村直子小姐（二十二歲）。學生時代在流通科學大學服務產業學部，觀光生活文化事業學科專攻行銷。她也是編派為客房管家。

從高中一年級起，她很認真地思考未來的工作，隱約覺得「自己適合從事服務業」，並依此選擇大學科系。吉村小姐決定要去加賀屋工作，是在大二的時候，由於大學的特別講師邀請小田董事長來訪，聽了他的話之後形成契機。

當時加賀屋在台灣也掀起一股熱潮，成功吸引台灣的旅客，可搭乘專機飛往能登半島剛啟用的能登機場。日本政府以觀光立國為目標，在平成十五年（二〇〇三）選出觀光領導人百選，小田董事長正是其中之一，他卓越的商業手腕在業界也相當有名。「如果在這樣的國際級旅館工作，可以發揮原本以日本人為對象的款待精神，在大學所學的英語或中文一定也能派上用場。」吉村小姐說自己出於這樣的直覺，毫不猶豫地選擇加賀屋作為求職的目標。

吉村小姐從學生時代就很活躍。在高知縣夜須町（現香南市）為觀光舉行的地方振興活動擔任模特兒，也參與假日城鄉交流活動，在大學四年級，也曾參加選拔，代表學校參加大分縣立命館亞洲太平洋大學等主辦的「世界觀光學生高峰會」。

「現在的日本年輕人不懂得禮節與禮儀。我自己也是，但是既然有幸身為日本人，在像加賀屋這樣的旅館作專業的接待人士，磨練自己，這是我一直以來的心願。從我進入大學以來，就希望將來有一天在旅館或飯店工作，所以我別無所求了。之前我覺得高興的不得了。」

她和石倉小姐一樣，現在心中充滿希望，「『加賀屋人』究竟是什麼樣子，要自己去思考應該是什麼樣貌，作為目標。」吉村小姐這麼說，她的修練已經開始。

「完美是理所當然」的巨大壓力使人成長

加賀屋有使人成長的力量……這正是負責各種各樣工作的人們，分別用自己的話表現「款待之心」歸納的結論。自己為了做什麼而在這裡，為了完成職務，又必須要有什麼樣的心理準備？這每一項的要點，會深植在人們的腦海中，非常鮮明。

加賀屋有百年歷史，歷代女將的薰陶，及社員之間連綿繼承的款待心得等，長久以來深深地浸透人心，加上每位心懷期待來訪的住宿客，磨練出加賀屋魂。

擔任新人石倉小姐與吉村小姐的前輩，有五年客房管家資歷的九重小姐（二十五歲）謙虛地說「我只不過是個正在學習的新人而已」，卻明顯與新人不同，從言辭中，可得知透過嚴格的專業領域，她在客房見到許多初次見面的各種客人，經過歷練。

九重小姐出身富山縣。從小就個性害羞，她一直想改變自己。在短期大學升上二年級不久，她雖然看到學校的公佈欄貼出加賀屋的徵才報名表格，但是覺得溫泉旅館一直以來屬於成熟大人的世界，與自己無緣，也沒聽過加賀屋的名號。

但是，自從開始研究企業以後，她很快地就知道加賀屋是連續榮登日本第一的旅館，「如果從事接觸許多人的服務業，自己一定會徹底改變。我心裡這樣想，進入公司時，意識到這家企業將成為自我啟發的舞台」她這麼說。

接下來五年，九重小姐成長為負責兩個房間的客房管家。她現在會自己穿和服，也會泡抹茶、插花，在她心底某處，想必已萌生出自信。恐怕誰也想不到，這樣的女性在幾年前還很羞怯吧。

在她剛開始負責兩個房間沒多久，有一組客人比預定的時間晚到許久。另一組客人已經到達，才正開始在客房用餐，遲來的這組客人正好抵達，九重小姐不得不為剛到的客人送上抹茶跟浴衣，就在將時間花在這些工作時，用餐的客人受到耽擱，也無法充分說明料理的內容，用餐時間就這樣結束了。

「那位客房管家根本不行嘛。換個人吧。」當嚴厲的斥責電話打到櫃檯，正是九重小姐忙得不可開交的時候。一開始這組客人還愉快地享受山珍海味，談話也很熱絡，在一時無暇接應的時刻，客人的表情逐一暗沉下來，話也越來越少，但九重小姐並沒有察覺到這些。

有這樣遺憾的過失作為教訓，年輕的客房管家也會漸漸成長吧。但是，對於住宿加賀屋的旅客而言，這是個無法接受的藉口。每個人都會抱持著過大的期待而來，認為「加賀屋一定會接待得無微不至吧」，提供其他旅館無法相比的服務。

譬如就算對方是新人，對於加賀屋的客房管家仍有所要求，首先認為完美是絕對條件。承受這樣的壓力，經歷痛苦，非得自立自強的辛酸，恐怕只有當事人才明白。

──「請妳嫁給我的孫子」

經歷多次這樣的失敗，九重小姐已經能在瞬間思考順序、安排流程。

「在犯下重大失誤那天，雖然客人在用餐，但是趁料理端出前要稍微等候時，去協助另一組客人更衣，就不會有問題了。由於我自己不夠成熟，給客人帶來不愉快的回憶，對他們真的感到非常抱歉。」

現在九重小姐能夠冷靜地回顧這段經歷，也能說出自己領悟的待客要訣：「永遠要比客人想得更周全，現在，這位客人究竟希望我為他做什麼呢？要盡力察覺對方的想法。」

如果具體說明，譬如在宴會場合，當男性客人拿啤酒瓶幫旁邊的人倒酒，幾乎都是對方回敬時，自己一飲而盡。原來如此，男性不擅長獨自喝酒，即使在人前也一樣。九重小姐不好意思地說，對於這樣微妙的演變「我是將注意力集中在客人的視線後才明白。」

兩年前的夏天，九重小姐曾招待父母及兩個弟弟住宿加賀屋，由自己擔任客房管家。

正好當時九重小姐累積了一些經驗，產生自信。她像往常一樣有禮貌地打招呼，不只對父母，連對弟弟們也使用敬語，九重小姐說「雖然很不好意思，但是我真的很想讓父母看看，自己的女兒究竟在什麼樣的地方工作，在什麼樣的環境下成長。我想報答養育自己的雙親、讓我擔任客房管家，使自己得以成長的加賀屋。」

「我最近才真正明白，不管怎麼說，雖然有服務守則，但是無法通用於加賀屋的客人。要從基本再賦予新的價值，我意識到自己現在非做些什麼才行，為了自己今後的人生，我覺得這一點非常重要。」

九重小姐最後補充「其實，曾經有好幾次，客人告訴我說『請妳嫁給我的孫子』。對我而言，這是最好的讚美。」說著她就臉紅了。

第四章　一客入魂的配角

爲了每一位客人

——在廚房支援知名旅館的廚師

管理加賀屋四十五名廚師、加上其他工作人員共七十人的加賀屋第五任主廚，是出身能登柳田村（現為石川縣能登町）的宇小藤雄先生（五十歲）。

他自幼就對料理感興趣，希望中學一畢業就去當廚師。瞭解他夢想的中學老師曾說「如果想好好學就去加賀屋」，昭和四十六年（一九七一）春，他遵照這句話成為旅館的一份子。當時旅館的玄關前還是碎石道。他從廚房見證加了賀屋的發展。

進入廚房後整整三年，宇小先生的工作只有為前輩們準備餐點。除此之外能算得上工作的，只有去後山採裝飾客房料理要用的茶花與笹竹葉、洗碗盤。據說當時他只能忙著準備員工餐與清洗餐具，從來沒有機會握著菜刀為客人作菜過。

當時旅館的廚房有許多為磨練身手到處換環境的廚師。宇小先生也曾反覆著在外學習回到加賀屋，又去別的地方磨練手藝再回到加賀屋，歷經這樣的歲月成為廚藝高超的廚師。

在加賀屋待了三年後，宇小先生提出想去別處學習的請求，改去以河豚與鱉料理聞名的某家大阪料理屋，經過四年，以見習的方式磨練刀工。

在加賀屋的姐妹旅館「AENOKAZE」的前身「SANKAGAYA」開幕前，宇小先生最早跟隨的主廚說「希望你回來幫忙」，於是又回到加賀屋。正值二十二歲的宇小先生「潛藏著相當的自信回到加賀屋」。

但是料理的世界既嚴格又深奧。在「SANKAGAYA」的八年間，他專注於烹飪，重新學習料理的基本，接下來加賀屋的能登渚亭即將開幕。他終於有機會成為加賀屋本館廚房的廚師，過了六、七年後，宇小先生心想「我應該去東京磨練一段時期」。

宇小先生接下來選擇的，是位於築地的知名料亭。他待在那家店一年，與來自全國廚藝高超的廚師們切磋。第二次的進修時間並沒有太長，因為加賀屋的雪月花之宿開幕，廚房需要像宇小先生這樣纖細敏銳的廚師，能烹調雅致的料理，深諳洗練的擺盤。

他身為有實力的中堅分子，待在加賀屋廚房數年，升遷到僅次於主廚的二廚地位，宇小先生在平成九年（一九九七），年僅四十二歲就肩負起加賀屋主廚的重責大任。

當時，廚師人數有三十多人，加賀屋持續穩坐日本第一的地位多年，「我想住加賀屋」、「想嚐嚐加賀屋的料理」每天都有許多人絡繹不絕從日本各地來訪，這座超人氣旅館的廚房據說日日都忙得像戰場一樣。

擔任主廚十年，宇小先生的心裡總是存在著「為了某一個房間，為了某一位客人，所以我們製作料理」，像戒律般的加賀屋鐵則。自平成元年（一九八九）起三年間，加賀屋曾有每月三萬人住宿的時期。到了泡沫經濟崩解，日本陷入不景氣之後，如過去般熙熙攘攘的情景，到現在依然常見。

——為了每位獨一無二的客人

在顛峰時期，這家巨大旅館的廚房一晚要調理一千份餐點，宇小先生在現場指揮，如果有年輕的廚師切著五百人份的醃漬物，他會站在旁邊一直說「要品嚐的，都是獨一無二的客人喔，決不可以草率地處理。」

在加賀屋接受預約時，除了想知道住宿的客人究竟為何而來，也一樣會瞭解客人對料理的喜好。

尤其最近對食物敏感的人越來越多。因此，從一開始就想知道客人有沒有特別的好惡，如果有的話，討厭的食材是什麼，味道喜歡清淡還是濃郁，至於過敏原，像蝦、蛋、蕎麥、螃蟹、柿子等，蒐集具體的食材項目，由接受預約的房務中心或客房管家通知廚房部，建立完整的系統。「客房管家的吩咐代表客人的聲音」支持著加賀屋絕對的概念，最具象徵性的就是廚房。宇小先生也說著同樣的話，他以相當熱忱的態度，說明自己究竟以什麼樣的態度面對住宿的客人。

「譬如，要是有來自名古屋的一組客人，我會特別調理加了豆味噌的味噌湯。就算一個房間裡是團體住宿，只要其中有位客人的喜好不同，我們就會特地另外為這位客人準備料理。就算在二十人、三十人的宴會中，只有一位例外，我們的應對方式也不會改變。如果客人能從這些道地細微的工作累積，感受到加賀屋的心，就覺得很高興。」

其中的細微之處，從料理本身就能看出。今年三月底，端送到能登渚亭房間的菜單，在華麗的頁面上用毛筆寫著「平成十八年　彌生　和倉溫泉加賀屋　主廚　宇小藤雄」。

*

先附　蒸鮑與梅貝　佐醋味噌

前菜　海參卵乾　章魚柚子　香草烤海螺　辣椒蔥燜帶卵銀魚　豔煮[1]　紅蝦

醋餚　松葉蟹佐醋

生魚片　當地鮮魚　小黑鮪魚　烏賊　甜蝦　海膽

焚合煮　鰆魚雜燴湯

註1　將海鮮類或蔬菜以味醂等佐料烹調，煮出鮮豔的色澤。

燒物　能登和牛朴葉燒

台物　海鮮魚醬鍋

蒸物　豆乳蒸魚肉佐蕪菁

御飯　能登越光米

甜點　哈蜜瓜　草莓　黑糖雪酪

*

對於能夠因應客人嗜好或喜好改變料理的加賀屋，這可視為一種基本菜單吧。

不過，對於一年四季都能品嚐到日本海漁獲的北陸地方客人，就會充分運用當地新鮮的陸地食材，製作讓旅客愉快享用的料理，如果是來自其他地方的旅客，菜單的內容就有所不同。

「譬如以東京為例，如果想找好的食材，只要去築地什麼都能買到。東京人能嚐到各種食材。在迎接這樣的客人時，我們的原則是：能否儘量多採用都會中找不到的食材？以夏季的生魚片為例，就像飛魚或沙鮻。尤其飛魚的生魚片在都會中很難嚐到喔。我們會將這樣的食材呈現給來自都會的客人，另一方面，我們會將鮪魚腹端給在地的客人，因為東京的客人本來就能嚐到鮪魚呀。」

冬季是鰤魚（青甘魚）、螃蟹……。春天是水針魚、石伏魚、石斑魚、鯛魚、竹莢魚……。從夏季開始，到拖網捕魚解禁的秋季，則是帆蜥魚、鰈魚（比目魚）。除此之外，海藻類食材也很多。蔬菜從加賀蔬菜到能登蔬菜，種類豐富，我們發揮食材的原味，漂亮地一皿一皿完成。

廚房烹調的手腕相當驚人。作為宇小先生的助手，在廚房現場調度的廚房課長中村定義先生（四十三歲）說，「在盛千人份的生魚片時，要由十五到二十人一鼓作氣迅速地盛好。由於多半使用冰製的容器，要在時間內決勝負。」

但是，料理的數量相當龐大，而且各棟、各層樓、各房間的菜單都不同，上菜時難道不會將料理的各種器皿弄錯嗎？

即使是具備現代設備的加賀屋，在二十年以前，當客房管家仍需以十份、二十份為單位運送時，經常發生多送一份，或是相反地少送的誤差。如果客房出現多的餐點，廚房準備的份數就不夠了，這就會造成虧損。

「不過現在有方便的料理配送機器人系統，在盛載餐點時，包括料理的菜單及器皿的數量都不會弄錯。在開始烹調之前，每棟、每層樓、每個房間的餐點數量都能完全掌握，由於使用配送系統運送，不會再發生像過去一樣的錯誤。」

——主廚親臨現場

中村先生沉著地說著，正因為工作現場有這位副手在，所以宇小先生可以安心地去客房巡視。當然，不只是去打招呼，如果有連住數日的旅客，主廚會親自拜訪客房，詢問翌日想吃什麼。

「如果去巡視客房，總是會在意是不是有什麼東西吃剩。在客房門口邊打招呼，詢問客人對當天的餐點還滿意嗎，合不合胃口，問過這些之後，對於連續住宿的客人，我還會再問『對於第二天的料理有沒有什麼要求呢』。這是自從我當上主廚之後開始的，因為連續送出類似的餐點對客人會很不好意思。像加賀屋這麼規模龐大的旅館，還能服務到這麼細緻的程度，我想很罕見。」

如果不「這麼細緻」，就無法維持日本第一的招牌吧。可說是正因為置身於天天與日本第一的壓力奮鬥的廚房，所以用心到這種程度是不可避免的。其實，據說經常有優秀的廚師想成為加賀屋廚房的新面孔，但或許是聽到這麼細緻又自找麻煩的廚房服務覺得並不喜歡，或是光看到大量的器皿就退避三舍，在正式工作前就放棄的人也不少。

宇小先生說「的確，日本第一的壓力確實沉重。所以如果我們沒見到客人就下廚，那真的很可怕。偶而，我們會讓年輕的廚師帶著碳爐去客房服務，在客人的面前烤乾貨或蔬菜、螃蟹、鮑魚，這也是不知道從何時開始，我們為了讓背負著加賀屋招牌製作料理的後輩們累積經驗，所以這麼做。如果廚師去客房，客人也會覺得很高興。首先，客人會提出各種各樣的疑問喔。因此，我們的年輕同事會一直研究食材，對於世界上各種各樣的事也非知道不可。我認為這是件好事。」

當然，主廚自己也沒有放棄學習。宇小先生只要從加賀屋的高層聽到「那家店很好」、「那家料亭很棒」，以東京為首，他會吃遍全國一流的餐廳。只要說是加賀屋的主廚，在餐飲界無疑是威風的知名人士，但是在用餐的場合，宇小先生絕不會透露自己的身分。

「我沒有那麼偉大啦。」宇小先生邊說邊搖頭，這或許是因為他徹底專注於工作現場。每天晚上，廚師們的工作還包括開貨車去金澤港採購食材，車程將近一個半小時。這是為了確保從漁船卸下的鮮魚在送到市場前，還是鮮活的緣故——對於規模龐大的加賀屋，這是相當重要的工作。

當旅客享用完美味的料理，喝了當地釀造的酒微醺入睡，宇小先生正坐在開往金澤港的卡車裡，這樣的情形一點都不罕見。

「沒辦法」是加賀屋的禁忌

——光是座墊就有六千張，使用物品有五千種

提到旅館，一般會想到的職種包括客房管家、櫃檯人員、廚師，但是為了讓客人渡過愉快的一夜，留下難忘的回憶，我們不能忘記旅館裡還有不可或缺的配角。

其中佔大部份的，正是絕不會站上舞台，擔任幕後工作的角色，也就是提供棉被、座墊、乾淨的寢具等用品的同仁。在加賀屋，這個部門稱為採購課。課長大森恪彥先生（六十一歲），獨自擔任負責採購的後方部隊指揮官，除了生鮮類的食材以外，加賀屋所有使用物品、用品的採買，都由採購課負責。

他們負責管理的物品，從酒、啤酒、寢具、火柴、廁所用紙，到浴衣、棉被、毛巾等將近五千種。

以棉被為例，當旅館發展到像加賀屋這樣的規模，其實會增加到相當驚人的數量。譬如可接待一千五百位旅客住宿的加賀屋，光是棉被，一整年使用的二層墊被就接近三千條，再加上還有冬季用、夏季用的不同棉被，往往要一直準備為數龐大，將近六千條的棉被。其中還包括使用友禪染[2]為材料的棉被，除了數量驚人，每一條棉被的品質都很好，而且還保持

清潔，那正是這家旅館的真實樣貌。

加賀屋的座墊也採用特別訂作，精心編織、染色的製品，全館使用的座墊尺寸都比別家旅館大一些，而且每個座位都墊著兩層，襯托出豪華的感覺。而且冬天要用的座墊是三千張，加上夏季用的座墊是一千五百張，尤其在宴會場合需要的座墊上千張，全部的座墊總數量也接近六千張。

為了少數換了枕頭就睡不好的旅客，加賀屋對於枕頭也相當用心。一般的枕頭，一面由小段的塑膠管填充，另一面由羽毛填充，旅客可選擇自己喜歡的那一面使用。儘管如此，要是旅客仍覺得不適應，還有矮枕、硬枕、柔軟的枕頭、傳統的蕎麥殼枕頭，只要吩咐客房管家，立刻就會為客人送上。另外還聽說現在正準備增加新品項，包括以能登半島頂端珠洲生產的紅豆「能登大納言」特製的枕頭，以及加入檜木刨屑，味道很好聞的枕頭。

——欠缺的物品就要找出來送達

客人一抵達加賀屋，在引領到住房前，客房管家會隱約目測客人的身高與衣著幅寬，帶

註2　日本代表的染色工藝之一，因江戶時代的京都繪師宮崎友禪齋而得名，以多彩及各種動植物、風景、器物的圖樣為特色。

著適合客人體型的浴衣來。客房管家具備這樣的本領，也是因為加賀屋跟一般旅館不同，許多旅館只有「特大」、「大」、「中」、「小」這樣的尺寸差異，而加賀屋根據身高，每五公分就設有不同尺寸。

以男性的浴衣為例，從身高一百四十五公分到二百公分，共有十二種尺寸，而且幅寬包括「肥胖」、「超肥胖」等類型，備有四種尺寸，據說不論什麼體型的人來住，幾乎都有適合的浴衣。

能夠區分到這麼細，正因為以加賀屋的主張「一切都是為了客人」為基礎；最近住宿的客人喜好也變得多樣化，想要完善地提供服務似乎也相當困難。大森先生說「最近客人的需求也越來越多元。如果是過去的旅館，提供的用品只需要『十人一色』就好，後來轉變為『十人十色』，現在甚至演變到『一人十色』的程度，要花心思滿足客人範圍廣泛、各種縝密的要求。」

其中有不少構想，採用直接面對客人的客房管家提議。其中之一就是在客房準備的毛巾與洗臉用具。在許多旅館現在還經常可以看到「這條白毛巾，是我的嗎？」客人感到困擾的情景。在團體或多人住宿的客房中很容易出現這樣的景象，加賀屋的應對之道，就是每個人使用的毛巾、漱口用的杯子、牙刷、洗臉用品與毛巾，以及裝著這些物品的束口袋，全都替換不同的顏色，讓旅客使用方便。

「譬如有六位客人住在同一間房的話，每位客人只要決定自己使用的顏色就好。總共有六色，分成紅、紫、綠、米色、深藍、白色，所以不會拿錯別人的毛巾。這樣的構想是由諸位客房管家所提供，或許也因為我們是加賀屋的緣故。」

提出上述說明的大森先生與其他同事，甚至連浴衣的腰帶都設想到了。由於關心醉酒後在館內漫步，忘記自己的房間在哪裡的男客，所以在腰帶末端一片一片繡上客房的號碼，以防喝醉酒的客人迷路。據說這也是採用客房管家建議的例子之一。

加賀屋從過去以來，就有著絕不說「沒有」、「沒辦法」的規定。當然，大森先生及採購課的成員們，也為這些要求而奔走。

「以日本酒來說，我們會常態性準備五十種以上的品牌，在宴會或用餐中，如果館內沒有客人突然要求指定的酒款，無論如何必須想辦法去外面找，送達客人手中，這就是我們的工作。自己親眼確認也很重要，所以開車到附近酒類專賣店尋找，也不是什麼稀奇的事。當我們平安送達，『太好了，幫我找到了』，看到客人高興的樣子，就是我們工作的能量來源。」

客人突然要求的東西包括各式各樣的物品。以前有帶著嬰兒的年輕夫婦，在客房正準備用餐時，太太告知「我想讓這孩子坐在學步器用餐。如果抱著小孩，我就沒辦法品嚐美味的料理了……」。當時，加賀屋似乎還沒準備學步器提供客人使用。時間是晚上七點，接到通知的採購課，先問課裡的職員家裡有沒有看起來還很新的學步器，也詢問直屬於加賀屋的「袋鼠之家幼兒園」，確定都沒有，根據分類電話簿依序查詢，問到能登附近某間生活用品大賣場有貨，在車程三十分鐘左右的鄰鎮大賣場就只有一台。

當時，立刻開車趕去買的人就是大森先生。「如果能送達，客人會很高興。當然，我們沒有加收學步器的費用。只要能盡到我們的心意，這樣就好了。」在這個領域十四年，一直擔任幕後支援角色的大森先生說「客房管家會確實將客人高興的樣子傳達給我們。」看來在他心中，一直都穩坐著「蒞臨的貴客抱持著至少要來加賀屋一次的期待，提供優良的物品給客人，這就是我生存的意義」的想法。

——退房後數小時是修繕的關鍵時刻

每天有數百人，有時甚至超過千人住宿的加賀屋，服務業的現場有時會發生難以預料的問題。在旅館業通常是「廁所水管阻塞，水流不通」、「戒指掉進浴缸排水孔了」、「金庫鑰匙打不開」等，問題的種類不勝枚舉。

即使定期更換用品，經常注意不讓故障發生的加賀屋，也會發生廁所水管被衛生紙以外的東西阻塞，水流不通的情形。儘管如此，也絕對不能責備客人，在這種情況下，設備課的職員會立即出現，迅速有禮地解決問題。

昭和十四年（一九六五）進公司，現任設備課長的飯森武義先生（六十四歲）出身長野縣，本業是木匠。他的部屬包括管理鍋爐與空調、供水及排水的機械組、自行發電並管理變電室的電力主任，除此之外還有浴場的管理人員等二十一位，為各種各樣的突發狀況待命。

我詢問飯森先生，究竟哪一種工作最頻繁，他的回答是「修繕有破洞的紙窗格與紙門」。「無論如何，總是會有幼兒，或是喝醉酒的客人在房間裡把紙窗格弄破、骨架折斷，或是在紙門上戳洞。因此，每天一定會在某些客房出現要修繕的地方，但是要在客人退房與登記入住之間的數小時內修好，所以總是在與時間賽跑。」也因為如此，還有一位大型建設公司的木匠常駐加賀屋。這正是因為飯森先生一個人處理不完的緣故。

「即使到現在，還是要在客房用刨刀削去紙門軌道分叉的木刺。」飯森先生的工作可說是數不清。經過長年的出入開闔，紙門軌道很容易出現分叉的木刺，擱手肘的脇息[3]也很容易產生木刺，決不能疏於注意。不過，由於這些修補工作都是趁客人不在的時段完成，沒有人知道每天都是藉由這些師傅們的手工，維護客房的安全。

註3─擱手肘的矮几，現在僅偶而出現在日本料亭、高級旅館，或將棋、圍棋比賽中。

——每個人都站在第一線的接待現場

與客房維修相反，如果從客房傳出求救訊號，設備課非得當著客人的面一邊流汗，確實達成目的不可。客人把隱形眼鏡掉進客房洗臉檯排水孔，或是將昂貴的戒指掉進浴缸排水管孔的情形並不罕見。如果是洗臉檯，設備課職員接到緊急通知趕到客房後，會將排水的S型管拆下，從累積的髒東西裡很厲害地找出一片隱形眼鏡。

由於有不少客人會將整個包包塞入放貴重品的金庫，有時會傳來客房通知「金庫的鑰匙折斷了」。這種情形只能用電鑽將金庫的鑰匙孔鑿洞，把門打開。當然，一個金庫就這樣報銷了，但旅客見識到專業手腕也放下心，只要看到客人的表情，就算損失也不足為苦。

還有平常較少接觸到客人的職務——浴場管理。飯森先生兼任浴場管理，在身障的客人入浴時，他們也會身兼看護工，一起進浴池。在加賀屋工作的人們，看不出服務意願的強弱差別，因為雖然職位不同，每個人都強烈自覺到「我們是站在第一線的接待現場」吧。

另外，早在無障礙（Barrier free）這個名詞還沒出現的時期，飯森先生為了「想坐輪椅進房間」的旅客，曾經在客房門口鋪設斜面。當時客人的臉上浮現滿面笑容，飯森先生到現在都還沒有忘記。

最後一分鐘可以抹滅原本的評價
——在十二年內試作九百種茶點

每間旅館都有賣伴手禮的販賣部。在加賀屋一樓的錦小路，有五間店面並鄰，販賣九谷燒[4]、輪島塗[5]、加賀友禪[6]等傳統工藝品及當地特產的乾貨、和菓子等。管理這幾間店面的物販課課長帽子山敏子女士（六十二歲），在販賣部已經工作了三十四年。

物販課所經手的商品約二千數百件，旅館販賣部的業績連續好幾年，都維持日本第一的成績。最受歡迎的是茶菓子。一進入旅館的房間，不論哪家旅館，桌上的點心盤裡都會放著茶點。大多數的旅館一整年都不會更換種類。就算替換，一年可能也只會換一、二次。

但是，加賀屋在春、夏、秋、冬以及初夏，一年五次，會隨著季節更換送到客房裡的點心，每次替換三種。而且每年都會變換新創作的當季點心，當我聽到時，只覺得非常驚訝。

帽子山女士表示，物販課每年都會提出新的自創點心構想。為了推出三種當季點心，會

註4—石川縣南部金澤市、加賀市、小松市、能美市生產的彩繪瓷器，特色是採用黃、綠、藍等濃豔的配色。
註5—能登半島石川縣輪島市生產的漆器，結合蒔繪與沈金裝飾，名列日本政府指定的「重要無形文化財」。
註6—江戶中期在金澤發展的友禪染，圖案以草、花、鳥為主，以「加賀五彩」的鮮豔顏色聞名，尤其經常使用紅、紫、綠色系。

製作十五種樣品，不知如何選擇時，會詢問女將的意見，將範圍縮小到三種。為了配合點心，包裝紙也非變更不可。帽子山女士的一年，也跟著點心的製作一起渡過。從她當上課長以來，推出的創作點心有一百八十種，如果加上樣品，其實共製作了九百種點心。

從團體客的全盛時期到散客的時代，從泡沫經濟時期到不景氣的谷底……帽子山女士從販賣部的角度，見證社會的變遷，她的說明相當有趣。

「在團體客人較多的時期，為了送給職場同事或公司客戶而製作的伴手禮，在販賣部賣得飛快，一盒有二十個點心，盒子本身也比較龐大。但是到了現在，蒞臨旅館的小型團體或家庭住客增加，一盒約六到八個裝的輕型點心禮盒比較暢銷。雖然家庭的人數或許減少了，儘管量少，要求『好吃的東西』的客人卻增加了呢。」

——將物品確實送達也是工作的一部分

在加賀屋，許多訪客原本就報持著「至少想住一次」的想法，所以為了買「我來投宿過加賀屋」的紀念品而來到販賣部的客人，就算只有自己一個人，可能也會受到許多人要求帶伴手禮回去，平均每位客人購買的金額絕對不是小數目。在泡沫經濟時期，平均一人花費六千日圓到七千日圓的購物額，即使到現在仍不低於四千日圓。因為小型點心禮盒一盒八百日圓到一千圓，我們以一人購買四到五盒計算。

乾貨與醃漬物等食材也很受歡迎，或許因為販售的商品都是精心挑選的當地物產吧。日曬的魚乾是能登產。即使當地的物產不夠豐富，也不會利用中國或歐美捕獲的冷凍魚仿製。醃漬物也採用當地的加賀蔬菜、能登蔬菜，突顯出地方色彩，所以銷路良好。

加賀屋的販賣部從早上七點開到十一點，下午從黃昏五點開到晚上十點。在用餐時段不太喝酒的女性客人，購物時段多半集中在夜間，男性客人似乎在退房前後，趁離去前慌忙地購物居多。帽子山女士說，這段客人集中的時間相當可怕。

「為什麼呢，在退房時段有許多人要結帳，結果常使得客人要等候。即使儘量看著對方的眼睛說『非常不好意思』、『請再稍等一下』，但是在慌亂之際把金額算錯的狀況，不敢說沒有。先是讓客人等待，如果連帳都算錯了，客房管家或櫃檯人員整晚的服務就一筆勾銷了。在買伴手禮的最後一分鐘讓客人感到不愉快、降低對加賀屋的評價，這是最可怕的事情。」

正因為有「款待之宿」的壓力，在經常看到客人反覆經過的加賀屋販賣部，也會有常客說「我回來了」。帽子山女士會牢牢記住熟客的名字，當對方第二次、第三次光臨時，她會說出對方的名字「歡迎光臨」、「您回來了」，聽到帽子山女士的招呼，每個人都會笑顏逐開。

每天都幫忙將客人購買的各種商品以宅配送出的帽子山女士，無疑對這份工作相當自豪。「將客人的物品確實寄送到府上，我們的工作才算完成。這是份將夢想送達的差事。這可是很棒的工作喔。」堅持信念的人，臉上的笑容相當令人印象深刻。

——為了客人道歉在所不惜

在旅館住宿的客人，通常也同樣會在飯店設施消費。譬如「二次會」、「三次會」[7]時去的居酒屋或酒吧等。在加賀屋，以整年都有專業人士演出的歌舞秀劇場為首，還有和食餐廳、高級酒吧、居酒屋、喫茶店等共有十二間店。

統籌所有店面營運的餐飲課副部長林田勇作先生（五十七歲），過去曾在其他縣經營餐廳，是餐飲業的專業人士。他在十二年前入社，現在管理人數包括兼職人員在內共有六十人，同時也負責管理各種會後聚會。

位於雪月花一樓，約有兩百個座位的劇場俱樂部「花吹雪」，由原先大型民營鐵路公司在大阪經營的OSK日本歌劇團（前身是大阪松竹歌劇團）團員，分成雪組、月組、花組三組，以每組十三人的編制表演華麗的歌舞秀，每天上演兩部。民營鐵路公司不再經營OSK日本歌劇團之後，加賀屋接手了歌劇團的一部分，團員至今仍上演著令人讚嘆的演出。歌舞劇的戲碼包括《源義經》、《前田利家》等，只上演該年度的話題之作。

林田先生強調「一場演出四十五分鐘，雖然每位觀眾都要付費，但也是我們為了讓客人留下對加賀屋的回憶，精心準備的歌舞劇。不論是表演者、演出或音樂製作，我們都有信心具備專業水準。」

包括連續數日客滿的歌舞秀，加賀屋的公共場所似乎還有客人絡繹不絕來參加「二次會」、「三次會」。根據林田先生表示，一日的來客率大約是百分之一百二十，這個數字表示，住宿者每人約使用一．二間餐飲場所。假設有五百位客人住宿，這就表示有六百人次觀賞歌舞秀，或是在居酒屋飲酒。

林田先生表示「在客人當中，許多人用餐後會在房間休息，也有些人會參加『二次會』、『三次會』，一人光臨好幾家店」。這些餐飲空間的年度營業額，跟一般稍有規模的旅館整年業績幾乎可匹敵，餐飲課的工作人員與客房管家，同樣都身處服務的第一線。

加賀屋公共空間最熱鬧的時段，據說在晚上十點到十一點半。那正是「二次會」結束，「三次會」的顛峰時段。其中當然有些人已經喝醉了。「由於客人已經喝醉，只是為了很小的事情，偶爾客人之間也會陷入一觸即發的氣氛中，這時阻止大家拳腳相向正是我們的工作。為此，我們會拼命向客人鞠躬道歉。如果是為了加賀屋、為了客人，再怎麼道歉都沒關係。」我瞭解到林田先生也是位非常堅毅的加賀屋人。

註7—宴會後的聚會，類似台灣所謂的「續攤」、「再續攤」。

第五章　飯店經營是加法，旅館經營是減法

最先進的客棧時代
——蒐集資訊，提供最周到的款待

加賀屋內部有一個房務中心，負責接受預約並決定分配給客房管家負責的房號。所有客戶資訊全都統合管理，客戶的地址及姓名當然不在話下，甚至連用餐習慣、房間的溫度，以及喜歡哪一位客房管家的款待，徹底掌握一切資訊，等到客人再度入住，就能夠以最萬全的準備來接待。倘若說櫃檯是加賀屋的司令台，那麼房務中心就相當於頭腦的地位。

加賀屋的統籌專任副經理山形千惠子女士（六十二歲），一手掌理房務中心的大小事務，她出生於石川縣羽咋市，那裡最著名的景點是千里濱，沿著濱海公路可以一覽美麗的沙灘。單身時，她曾在金澤市工作五年，任職於知名私營鐵道公司經營的老牌飯店，期間累積了服務生、櫃台及出納的工作經驗。之後，她嫁到和倉，在昭和四十四年（一九六九）進入加賀屋工作。

或許是因為曾任職於飯店，一開始山形女士對旅館有著若干誤解。

「老實說，當時我對旅館的印象，總是和情色場所劃上等號。因為我們不只要陪客人喝酒，還必須陪穿著浴衣的男性客人跳舞……。這些事情，都讓我感到相當不正經。然而，後來我才逐漸理解，旅館是一個能讓客人卸下心防、盡情放鬆的地方，因此，我們也必須以最誠摯的真心來接待他們。旅館雖然不像垂直管理的飯店給人井然有序的感覺，但是飯店卻難以營造出良好的橫向關係。當我察覺到旅館裡充滿了光是『作業守則』無法傳遞的人情，那刻起我才堅信，自己夠格稱得上一名旅館從業人員。」

山形女士剛進旅館，先是負責接受預約的工作，和其他四名男性員工一同接聽電話，並且協調分配房間。直到現在的女將小田真弓女士當機立斷，決定設立房務中心，他們的工作樣貌便起了很大的變化。

房務中心裡開始導入電腦系統，只要客人前來投宿，在他們回去之後，房務中心的人員便會根據客人留下的問卷內容，以及客房管家的報告事項與記錄，掌握每位客人的嗜好，並且全部輸入電腦裡建檔。

接到初次投宿的客人以電話或電子郵件訂房時，房務中心會儘可能事先問出相關資訊，例如：前來投宿的目的是為了慶祝六十歲大壽，或是慶祝順利就職、結婚紀念日，以及客人對食物的喜好等，接著立刻輸入資料庫建檔。這樣的做法，不管是初次前來的客戶，或是曾經入住的熟客，都能在抵達的那一刻就得到最妥善的款待。

山形女士除了負責房務分配及佈置的工作之外，同時還管理每位員工的出勤狀況。另外，當海外重要人士等ＶＩＰ入住時，舉凡房間裝飾、桌面擺設或是客房掛軸畫作的替換，這些加賀屋旅館第一線工作，可以說都是由她一個人控管。但是，她的工作絕對不是坐在辦公桌紙上談兵的管理職位。投宿旅館的房客有千萬種樣貌，有時一些身障者也會前來休閒散心。這時，山形女士考慮第一線的人手可能不足，就會親自協助照顧，甚至陪同他們一起入浴。

細數山形女士負責的每件工作，即使已是身經百戰的第一線人員，但是每天分配客房管家一事，仍讓她雙手抱胸、冥思苦索。雖然這是每天必須面對的例行公事，還是需要深思熟慮，同時也是展現經驗與實力的關鍵。過去，山形女士尚未累積足夠的客房服務經驗時，她心裡暗忖：「在沒有充分了解現場狀況前，絕對不能頤指氣使的命令客房管家。」而事實上，她也曾經為此積極投入客房服務長達半年之久。

——絞盡腦汁才能指派客房管家

在決定如何分配客房管家之際，加賀屋的作法是一邊參考事先掌握的客戶資訊，並且對照每一位客房管家的個性與經驗。例如：有一群男性團體客入住，就必須考慮該指派酒量好的客房管家去負責，還是擅長炒熱氣氛的人比較好。又或者一對老夫婦前來投宿，或許分配細心體貼的客房管家最為恰當。每一天，山形女士都必須從各個角度深入思考，才能決定當日的人員配置。

當VIP入住的時候，負責接待與服務的人員，在大約一週前就已經決定。到當天為止，分派到這項任務的人員，除了收集當前政治、經濟及商場走勢之外，還必須重新複習加賀屋的一切工作準則，並且熟記能登的名產與歷史等各項知識，做好萬全的準備來與VIP應對。

眾所周知，加賀屋的客房管家，聊天話題十分豐富，由此可窺知他們獲得高度評價，確實是其來有自。數年前，早稻田大學出身的政界重量級人物投宿時，負責接待的客房管家，是一名同為早稻田大學畢業的年輕人，這樣的分配讓該人士大為喜悅。但很可惜的是，這位客房管家後來表示：「希望能夠將在加賀屋學到的經驗，活用在其他領域。」因而離職自立門戶。

加賀屋的客房管家，全都具有鮮明的個性，以及豐富的經歷。以山形女士的分類來看，有工作迅速但不拘小節的女性、喜歡小孩的女性、對年長者溫柔體貼的女性、能設身處地為身障者著想的女性、善於聆聽的女性，以及具備商務背景，並且詳知人情事故的女性……每個人都有獨特的個性，世人甚至給予如下的肯定：「如果要替子孫物色結婚對象，走一趟加賀屋一定不會空手而回。」

加賀屋最廣為人知的特色就是「真心款待的旅館」，而為了維持這項名聲，房務中心肩負指派客房管家的責任，其中最大的難處，在於未知的房客與個性鮮明的客房管家之間的配對，一旦其中某個環節出錯，就可能直接面對客戶抱怨。因此，每天指派客房管家後，一定要讓女將確認，更換人員的情況也不在少數。

——深知親眼確認的重要性

山形女士也曾經歷上一任女將小田孝女士的時代，當時她經常受到指責，而這些教訓也培養出她今天的實力。「記得是很久以前發生的事，當時有一位超級ＶＩＰ入住，孝女士擔心房間內的情況不夠完美，因此特別交待我：『妳去看看那個房間裡的花是不是還新鮮。』過了一會兒，我告訴她：『我已經轉達客房管家。』接著就認為這件事情和自己無關。然而，在客人抵達之後，孝女士到房裡打招待，一眼就看到房裡的水仙花已經接近枯萎。她馬上把我叫去，嚴厲地責備了一頓，這件事情我到現在還忘不了。」

經過這次的事件，山形女士開始堅持所有事情都必須親眼確認。不知不覺中，她開始思考，怎麼做才能讓加賀屋的水準，能夠提昇到更高層次，並且也使她成為一位願意為加賀屋奉獻一生的旅館從業人員。

「我剛到這裡工作的時候，其他客房管家都懷疑我能做多久。經過三、四個月累積經驗之後，我很自然地融入加賀屋的文化中，說起來真是不可思議的一件事。在這家旅館工作，真的可以從客戶身上學到許多事情。接受客戶抱怨也是一種學習，因此每個人都專注於觀察、聆聽，思考怎麼說話才得體，無時無刻不在揣測客戶的心思。經過這一番淬鍊，每個人都養成自己獨有的真心款待方式。」

山形女士這麼說道。而即使到了現在，她仍舊具有「提昇自我的上進心」，學習慾望比一般人高上一倍。四年前，山形女士開始認為日本旅館也需要禮賓員（concierge），為了正式習得禮賓員所需的各種技能，她自費參加一整年度的禮賓研習課程，每個月一次，從小松機場搭機到羽田機場，當天往返能登與東京。之後，他又為了學習溫泉的入浴禮節、享受旅館的方式，以及能登半島當地的美食等知識，並且熟記以能登為中心，前往石川縣內的道路，因此她請女兒開車，載著她繞遍縣內各地。

或許是因為感受到學習的樂趣，山形女士還取得「蔬果專家」（Vegetable and Fruit Meister）的初級資格認證，關於能登蔬菜的培育方式，以及如何利用當地產物做出美食，可說是精通各領域的知識。

——客戶的看法是自我要求的動力

在全日本一片不景氣的大環境中，加賀屋仍舊能夠不為所動地穩固經營，近年來更有許多飯店委託他們指導經營管理之道。各家飯店的董事長、社長等高層人士紛紛前來諮詢，也有不少飯店在加賀屋舉辦實習教育。

透過這些指導與諮商，加賀屋的員工們擁有的各項技能，也得以傳承下去。山形女士到目前為止也曾經接受各家飯店邀請，以研習講師的身份前往授課。

「二〇〇四年，我前往宮崎縣，九月都在喜來登集團經營的渡假中心，進行研習指導，對象是二十一位私人禮賓，我教他們傳統日式的款待方式、日本料理的出菜順序及注意事項、室內薰香的使用方法、插花以及紙拉門開啟與關閉的禮節等，所有項目我都徹底指導過一次。我也曾經前往夏威夷的喜來登飯店，在那裡待了幾個月，教導他們如何接待日本客戶。在傳授穿著和服的禮儀，以及日本傳統風格的款待方式之際，我的心裡一直以身為加賀屋的一員感到驕傲。」

不管回家時間多晚，山形女士不把家裡打掃乾淨，心裡總覺得不踏實，這樣的性格正好符合她的工作性質，因為旅館裡的環境整潔，也是由她負責管理。她具有敏銳的觀察力，在專門打掃的人們完成工作後，她總會謹慎又細心地檢查。

一絲不苟的山形女士這麼說道：

「就我自己的觀察，加賀屋的客房管家，走在外面的時候，總是抬頭挺胸。我想這一定是因為她們心裡認為，在日本第一的旅館工作，是一件值得驕傲的事情。我們內心深信，客戶對我們的看法，正是鞭策自我磨練的動力。或許這也正是加賀屋的文化，以及核心價值所在。」

服務業永遠沒有盡善盡美的一天。現在的旅館已經完全跳脫「情色場所」的印象，然而世人認定加賀屋已經是一流大企業，我們必須謹記自己是開創新時代旅館風格的先驅，才不會辜負人們的期待。

何謂新型態旅館的印象……。關於這一點，山形女士表示：「我認為，旅館盛行的時代一定會捲土重來。或許，加賀屋的目標，就是走在最前端，為新時代的旅館風格立下典範。」

客戶的抱怨必須在退房之前解決
——如何迅速解決客戶抱怨

同一天足以容納超過一千五百人入住，就是無庸至疑的大型旅館，加賀屋正是其中最具代表性的一家。如果將一個大型組織比喻成人體，阿基里斯腱就是左右血液循環的關鍵。

如果血液循環良好，組織內部的資訊就能快速且正確地傳達到各處。加賀屋內部大力提倡「客房管家的意見就是客戶的心聲」，而如果服務人員的意見無法在第一時間，精確地傳達給適切的部門知曉，這項原則到頭來只會淪為空洞的口號。

在加賀屋成長至目前的規模之前，女將還能親自去每間客房，詢問每位客人的需求及入住感想。但是到現在兩百五十間客房，幾乎每天客滿，單憑女將一人，絕對無法面面俱到。

因此「四個團隊」的管理體制因應而生。加賀屋共四棟主要建築，分別是能登本陣、能登客殿、能登渚亭和雪月花，每棟都各自有名班長統管該棟所有客房管家，地位相當於是小女將。同時，各棟還有一位副經理，地位相當於該棟的迷你社長，負責業績和人事管理。

總而言之，組織規模一旦擴張到某種程度，再怎麼劃分管理職掌，資訊傳達效率勢必受到影響，旅館也一樣。加賀屋有套深入細節的獨特管理方式，不管是「哪一棟分館」、「哪一個樓層」的「哪一間房」發生什麼事，都能即時應對。特別是發生客戶抱怨時，客房管家首先必須通報班長或副經理，每一件客戶抱怨，通常在該棟的管理負責人層級就能解決。

每棟的副經理，都由加賀屋統籌副處長藤森公二先生管理，他鏗鏘有力地說：「處理客戶抱怨的重點，就是拋開大旅館高高在上的姿態，放低身段來應對。即使是一個簡單的處置，只要迅速處理，就能讓提出抱怨的客戶減緩心裡怒氣。因此指派到每棟分館、每個樓層和每間客房的管家，都由班長和副經理管理，而他們也將自己當成女將和總經理，全盤掌握負責的區域，這樣的組織架構也是為了滿足客戶需求而存在。」

壞事傳千里——這句話確有其道理，倘若將客戶的抱怨置之不理，不用多久，負面評價就會開始流傳，而且接下來只能眼睜睜看著情勢愈演愈烈。對於旅館和飯店這類服務業而言，這種失態的處置，將造成足以致命的傷害。

——確認不足將造成無可挽回的後果

即使加賀屋的員工們經驗再怎麼豐富，已經充分掌握待客之道，但只要是人，難免都會犯錯。有時候，一件微不足道的小事，客戶也可能對此大動肝火。即使如此，只要客戶說「烏鴉是白色」，站在加賀屋的立場，也必須附和說是「白色」。

倘若客戶投宿之後，在問卷上寫下任何不滿，遭受指責的員工，每週都會被叫到董事長和社長的面前，接受嚴厲的指導。這樣的情況，在加賀屋稱為「高層教育」。很久以前，藤森先生也曾犯下痛心疾首的錯誤，遭到上層責備。

「那個時候，我負責接待一戶全家出遊的客人，當他們抵達和倉溫泉車站時，我開著接送用的車輛前往迎接，我們暫且就稱那一家的主人是『山本先生』好了。我準備了寫著『山本先生』的大字報，在車站的驗票閘門外等候。不久之後，一團預訂入住的家庭來到我面前，對我說：『我是山本，您來接我們到旅館嗎？』於是我便開車載他們回到旅館。沒想到，他們恰巧只是姓氏相同，並不是我負責接待的那個家庭。等到我駕車離開，原本我應該接送的客戶才抵達車站，他們也搭上旅館另外準備的接送巴士。而且在櫃檯入住登記的時候，兩組客人又正好錯身而過。結果，我就把一開始接到的那個家庭，安排到最上等的客房。事情發展到這個地步，也就沒有轉圜的餘地了。」

藤森先生犯下的錯誤，就是只在大字紙寫上『山本先生』，沒有寫出全名。「這是我自己的責任……」他整理了一下思緒，懇請已經登記入住那個家庭，轉回原本預約的客房，但是最後客戶還是沒有答應。

或許對那個家庭而言，來到加賀屋就是希望能夠好好地放鬆休息。但由於旅館單方面的過失，竟然要他們大費周章換房間，想必心情也因此大受影響。

❁

隔天早上，藤森先生只好自掏腰包，補足那個家庭入住最上等客房的費用差額。經過這次事件，藤森先生養成習慣，到車站迎接客人之前，一定會準備寫上全名的大字報，並且確認當天有沒有同名同姓的客戶預約入住。

長年以來，累積無數處理客戶抱怨的經驗，藤森先生深信，面對客戶抱怨的最高原則就是「在客戶離開旅館，踏出玄關那一刻之前，一定要解決所有抱怨。」然而，一但客戶心情受到影響，要想圓滿解決過失，是一件極為困難的事情。

──提出抱怨的客戶也會變成常客

大約在二十五年前，藤森先生剛進入旅館工作不久，發生了一件讓他深感痛苦的事情。

「當時有一團旅客，在我們旅館舉辦研習會。其中一位講師，委託我幫他購買隔天早上回程的車票。那個時候，和倉溫泉車站還沒有JR幹線設置的綠色窗口，必須到鄰近的七尾車站才能預約購票。於是我驅車前往，但是無法順利訂到座位。而且，我也沒有馬上聯絡館方，告知他們我沒買到車票。回到旅館不久，那名委託我買票的講師十分生氣，痛聲斥責了我一頓。我一直在他房外正襟危坐直到凌晨三點，才終於得到他的原諒。結果，當天我幾乎無法闔眼，大清早五點就開著車，送那位講師到金澤車站。」

每一家旅館，在客房樓層都有一間配膳室。加賀屋的客房管家，很少聚集在那個地方。但是，就在藤森先生還是新人的時候，某天剛好有數名客房管家同時待在配膳室裡，而又恰巧有一名男性客人經過，聽到裡面有人在講話。由於那位客人個性比較纖細，誤以為客房管家在私底下說他的壞話，因而對此大發雷霆。過沒多久，客戶氣急敗壞要求：「這次住宿不准向我收費！」藤森先生和直屬上司總經理，拼命道歉、安撫客戶情緒，仍舊無法平息他的怒氣，客人甚至揚言委託律師提告。

「後來，那位客戶和另一位前來處理的總經理，成為感情很好的朋友，到現在還是經常來入住的熟客。處理客戶抱怨確實是一件很困難的工作，但只要想辦法圓滿解決，有些客戶在日後也會成為常客。因此，在面對客戶抱怨時，有時候不必急著在第一時間解決，也許試著換一個人來道歉，或是在其他場合、時間道歉，效果會更好。最重要的一件事情就是，誠心誠意、不屈不撓地應對，這是我在這件事情學到的教訓。」

另外，藤森先生還身兼櫃檯人員管理的職務。而他本身也具備豐富的櫃檯實務經驗，飯店櫃檯和旅館櫃檯，工作性質有所不同。針對這一點，他有一番獨到的見解：

「櫃檯人員和客戶接觸的那一刻，對客戶此次投宿的印象有極大影響。一般來說，客戶與櫃檯人員接觸的時間，在一次入住中，僅佔數分鐘，即使加上退房結帳的時間，最多也只有五分鐘。但是，倘若一開始登記入住的應對態度不佳，之後就算客房管家再怎麼真心款待，客戶對旅館的印象仍會大打折扣。因此，櫃檯人員的服裝儀容和行為舉止，合乎禮節是基本條件，更重要的一點就是必須隨時保持笑容。」

日本旅館的櫃檯人員，大多和商務飯店一樣，需要負責行李搬運和宴會桌邊服務。如果客人開車前來，還必須幫忙把車開到停車場。客戶舉辦宴會時，還得協助客房管家，把沉重的整箱啤酒搬到會場，或是收拾碗盤，這些都是相當重要的工作。

——旅館的魅力是鄉土風俗與人情味

關於旅館櫃檯人員的工作，藤森先生的說明如下：

「櫃檯人員最基本的工作，就是在背地裡協助客房管家服務客戶，讓她們能夠更專心於款待客戶。但是，他們並不是一直隱身幕後，當團體旅客入住時，櫃檯人員還必須在事前跟宴會幹事，以及隨行導遊討論宴會執行的大小事物。宴會結束之後，他們還得跟隨行導遊喝一杯，加深人際關係，讓導遊願意再次帶領新的團體旅客前來光顧，推廣業務也是他們工作的一環。陪客戶喝一百杯咖啡，不如喝上一杯酒，這或許是櫃檯人員獨特的業務推廣方式。」

對於團體客戶而言，旅館裡的宴會也是旅程中的重頭戲之一，因此，宴會幹事其實內心倍感壓力。另一方面，隨行導遊的工作是儘量讓客人盡興而歸。綜上所述，旅館的角色就相形重要，除了必須安排一場完美宴會之外，同時提供最好的服務，讓導遊不至於臉上無光。藤森先生所說的「一百杯咖啡，不如喝上一杯酒」，並不只是一起喝酒而已，因為他們同為服務業第一線人員，彼此心意相通、互相共鳴，這樣的交流意義十分重大。

藤森先生在加賀屋工作二十六個年頭，悲喜摻半的經驗當中，心裡最深刻的感想就是：「加賀屋是一個能夠讓我們在工作中各展所長，並且培育我們擁有這番實力的地方。」

「我們是一群在加賀屋這個舞台大顯身手的藝人」，這句瀟灑的描述，是藤森先生對旅館工作的感想。接著他繼續說道：

「加賀屋這家旅館，正是由一群藝人組合而成，而客人們可以說是粉絲，期待著與不同類型的藝人近距離接觸。無論如何，正因為有加賀屋這個舞台存在，我們這群藝人才能一展長才，這件事情我們必須銘記在心。我經常對剛進來的員工說：『請各位努力取得最佳新人獎吧！』對於客房管家，我就會跟她們說：『希望妳們總有一天，可以成為最佳女主角。』高級飯店總是致力於擺脫土裡土氣的印象，但加賀屋到頭來還是一家大型的鄉下旅館，更應該呈現當地的鄉土風俗與人情味，因為這樣的氣氛，正是旅館的魅力所在。」

一絲不苟的飯店和講求情感的旅館

——飯店賣的是空間，旅館賣的是時間

昭和五十四年（一九七九），二十五歲的仲島康雲先生進入加賀屋工作，經過二十八年，現年五十三歲的他，已經晉升到副經理職位。年輕時，他不曾想過飯店和旅館的服務有什麼不一樣，只是致力於創造日本傳統旅館的魅力。

二十多年前，仲島先生因工作關係，常到東京出差。加賀屋提供每天一萬日圓住宿經費，但他總自掏腰包到高級飯店入住。他說明這麼做的原因：「服務業沒有固定的形態，所以每個人用身體感受的經驗，都是自己的財產。因為自己在旅館工作，我深信透過體驗其他地方的服務，將來一定能夠為我自己和加賀屋，帶來正面的影響。」仲島先生就是這樣累積豐富的經驗，進而了解飯店與旅館的差異。他所說的這番話，的確具有一番道理。

都會型飯店主要以商務旅客為目標客群，飯店的商品就是販賣「房間」的空間。飯店走廊是公共空間，沒人會穿浴袍在外面走。相隔一扇門，房間裡就是客戶的私人空間。而前來投宿的客戶，不少人在裡面敲打電腦鍵盤，發送電子郵件，或處理堆積如山的工作。

飯店最重視提供夜裡能夠安眠的環境，因此必須儘量降低噪音和氣味，同時準備各式各

樣的寢具，讓入住者在出差期間，可以渡過舒適的日子。商務飯店在這些事項投注相當大的心力，簡單來說就是著重於一絲不苟。不管客戶何時入住，甚至當天現場訂房，都可迅速應對。或許可以說，經營商務飯店的最高準則，就是完善的體制和既定的準則。

因公出差而投宿飯店的人，只要求硬體設備功能齊全，並不會執著於某家飯店。加賀屋這種傳統日式旅館與商務飯店，決定性的不同就在於，人們是特地前來渡假。

仲島先生表示：「入住加賀屋的客戶，百分之九十八都是事先預約，十個人裡面有九個人，到這裡的目的都是為了留下美好的回憶。或許可以說，沒有任何人會把工作帶進加賀屋。因此，飯店是一個延伸日常工作的場所，而旅館則提供了一個空間與一段時間，用來體驗與平常不同的生活，這兩者的存在價值，打從出發點就不相同。」

確實如此，飯店只是販賣一個名為房間的「空間」。但是在旅館裡，人們可以穿著浴衣悠閒渡日，忘掉平常的生活瑣事，同時享用美食，住上兩天一夜，甚或是三天兩夜，只要想像這裡販賣的是一段「美好時光」，應該就很容易理解。相對於「一絲不苟」的飯店，旅館重視的是客戶內心的情緒與感受，是一個講求「情感」的地方。

設備機能一應俱全，完全照規則的飯店，從餐點菜色也看得出來。所有高級飯店，都聘請著名廚師來做活招牌，法式餐廳、和式料理、中華料理及酒吧，一應俱全。入住客戶可以依喜好，選擇餐點種類以及用餐地點。當然這些餐廳和酒吧，都會雇用經驗豐富的一流調酒師和侍者，或是熟知常客喜好的酒保，這樣的陣容能夠提供最佳服務，自然不在話下。

關於飯店與旅館的服務形態相異之處，仲島先生如此說明：「簡單來說，到飯店入住一宿，只需要支付最基本的費用。而當事人可以依照自己的意願，多付一點錢去獲取追加的服務，這是一種加法的概念。然而，旅館從一開始就把餐點加計在費用內，相對於加法型態的計算方法，則是屬於減法的概念。」

確實，飯店總把尊重客戶個人隱私擺在第一位，客房管家不會主動接近房客，與之相比，旅館為滿足每位客戶，隨時跟在房客身邊是基本服務。這種靜候差遣的服務方式，一但出點小差錯，就會讓人倍感壓力，正如仲島先生所說，像減法一樣對旅館帶來負面印象。

——旅館是單憑準則難以經營的人才產業

現實中，飯店業界大多是由鐵道與航空公司集團經營的連鎖事業，我們也不能說單憑效率掛帥的體制和準則難以經營下去。

「假設某家連鎖飯店，原本管理大阪地區的總經理，因為人事異動，隔天就到札幌任職，對於連鎖飯店而言完全不會有任何影響。因為商務飯店業界，只要有了解營運機制的員工，以及具有總經理資歷的人才，再遵照制度和準則來運作，就足以經營下去。然而大多數連鎖飯店集團，並不會輕易跨足經營傳統日式旅館。因為每位客人到旅館投宿的目的都不盡相同，若只是遵照準則來應對，絕對無法滿足千差萬別的各種需求與喜好。」

簡單來說，經營一家旅館，必須隨時保持中庸之道，也就是靈活的應對能力，如此一來才能臨機應變來款待每一位客戶。換句話說，旅館是一個難以依照準則來駕馭人才的產業，這一點就是旅館與連鎖飯店絕對性的不同，同時也是傳統日式旅館的韻味所在。提供報紙與浴袍給每一間客房，是商務飯店的基本服務，另一方面，每間客房的洗臉台都放置種類豐富的保養品，是旅館必備的服務。以上提到的兩點，飯店和旅館雙方應該可以互相學習。另外，加賀屋也可以盡量阻絕噪音與氣味，提供客人一個安靜舒適的睡眠與休憩空間。

仲島先生如此斷言：「過去人們常說，在加賀屋可以享受其他旅館沒有的服務，但是現在除了祭典小屋、每天上演的劇場和古箏的現場演奏以外，日本國內中型規模以上的旅館，提供的服務和加賀屋已經沒有太大的區別。加賀屋以前曾經以『鄉間的罕見旅館』做為宣傳標語，但是現在交通和資訊網絡已經非常發達，即使是鄉間與罕見已經不再是吸引人的賣點。因此，最後決定能否殘活的要件，就取決於服務人員散發的魅力。」

禪宗有一句話說：「隨處作主」。意思是說，在每個不同的場合，每個人都能成為主角，而仲島先生表示：「在加賀屋擔任客房管家的那些女性，完全符合這句話的寫照。」實際上，高級飯店在迎接外國賓客時，雖然會派專人擔任客房禮賓，但是很少常駐在房外，而且飯店裡也不是每間房都有一名女侍專門負責款待。

但是傳統日式旅館的客房管家，就像飯店的行李員、大門侍者、搬運工，負責迎接客人，也身兼客房服務人員和侍者，有時化身為櫃檯出納人員，幫客人結帳。晚上宴會結束後，有些客人意猶未盡，客房管家就會安排他們去一、兩家酒吧繼續飲酒作樂。加賀屋的客房管家，除了一人身兼以上四項工作，還須長時間在客房內貼身服務客戶，滿足客戶的期望和需求。簡直就像一名導演，身負重責大任，精心執導一齣真心款待的戲碼。

「加賀屋的服務，有三分之二是由客房管家包辦，可謂責任重大。或許，全體客房管家都由女性來擔任，是其他任何經營訣竅都比不上的一環。」正如藤森先生將客房管家比喻為女星一般，加賀屋之所以能夠持續蟬聯日本第一的地位，這些女性客房管家，絕對功不可沒。

──女將是加賀屋的核心，造就一脈相承的大家族

昭和五十六年（一九八一），加賀屋在「日本飯店暨旅館專業百選」的所有旅館中，初次榮獲冠軍。其後，便一直穩坐這項殊榮的寶座。在初次取得第一名的五年前，也就是昭和五十一年（一九七六），手島孝雄先生（五十六歲）進入加賀屋擔任總經理一職，他這麼說道：「加賀屋的評價逐年提昇，能夠親身經歷這段輝煌的年代，我覺得自己非常幸運。」

在他剛進旅館時的能登，從金澤延伸到石川縣的公營收費道路尚未通車，能登機場也還未興建完成。那個時代交通十分不便，加賀屋的硬體設備規模也還不是加賀溫泉鄉的大型著名旅館。手島先生回顧當時的加賀屋，是「以軟實力彌補硬體的不足」。

當時正值創業七十週年，經過前代社長與女將的努力，世人都知道加賀屋最具代表性的特色就是「真心款待」。其後，「真心款待」就像基因一樣盤根錯節地深植旅館內每人心中。若當時這個基因沒有代代相傳，或許現在的加賀屋就不會獲得這麼高的評價。

手島先生如此感慨萬千，以「幸運」來形容自己的心境，是因為他在此工作三十年，親身感受到以女將為核心創下的「加賀屋家族」，在員工的意識中凝結成一股強大的力量。

手島先生之所以強調這股力量，是因他知道每位在加賀屋工作的員工，內心充實的感覺，的確逐年提高。現在的女將小田真弓，也接受加賀屋前代女將的行事風格薰陶，即使貴為旅館最高領導者，當員工及其親屬面臨婚喪喜慶，亦或是子女就學、升學之際，她都會饋贈禮品，甚至親自前往表達慰問之意。對於每個在加賀屋工作的人，都抱持視如己出的心情，疼愛有加。當然，小田真弓女士的關懷並非只流於形式，身為女將，對員工的喜怒哀樂感同身受。這樣的行事風格讓每位員工產生共鳴，進而造就出加賀屋這個大家族。

——加賀屋的風格，絕不讓客房服務流於形式

事實上，加賀屋之所以成為一家「具有人情味的旅館」，是因為在真心款待當中，藏有一個祕密。對於站在最前線接待客戶的客房管家，加賀屋十分重視她們的人格特質，絕對不會把她們訓練成同一模子刻出來的模樣。一般的高級飯店總是希望找到行為端莊、無可挑剔的完美人材，而旅館與之相反，客房管家都保有各自的特色，並且能夠放開拘謹的態度，和投宿的旅客之間，建立起溢於言表的情感，這樣的關係有時候在無意之間，更能產生了打動人心與令人欣喜的纖細服務。手島先生舉了一個實例來說明：

「這件事情，我是從日本著名企業的社長夫人口中聽到的。那位夫人出門在外時，舉手投足都必須注意是否符合自己的身分。因此，她不想讓人看到自己休息時，不修邊幅的模樣。然而，有一回她到飯店住宿，飯店接待人員非常有禮貌，結果反而讓她不得不用同等的態度去面對。最後反而讓她把自己關在密閉的房內，不敢離開一步。」

對於想放鬆身心的人而言，旅館絕對是最合適的地方。倘若加賀屋的客房管家全是完美主義，服務時不容許一絲一毫的差錯，客人勢必感到渾身不自在。如果是位個性不拘小節的客人，入住時反而倍感壓力。所以旅館既然是讓人褪去華服，換上浴衣悠閒休憩的地方，客

房管家在真心款待之時，也就必須配合客人的心境，適時拋開過於嚴謹的態度。

加賀屋既獲得日本第一的殊榮，必然是家風格高雅的旅館。但是工作人員的服務態度卻不會讓人覺得高高在上，正因如此，平常注重禮節的上流人士到這裡入住時才能安心地放鬆休息。

手島先生說道：「讓客戶不必顧忌太多禮數，這一點非常重要。如果加賀屋的客房管家，都是沒有缺陷的美人，客戶一定也會顧及面子，展現出最完美的一面，結果反倒更加疲憊。話雖如此，我們仍舊必須保持真心款待的態度。然而，倘若沒有無傷大雅的不完美，或是展現草根性的一面，這就不是人類應有的本性，客戶也就無法享受愜意的片刻。」

「加賀屋獨步日本的特色何在？」

這個時代，保護個人資訊的相關法令已經相當完善。如此一來，原本就十分注重入住房客隱私的飯店，更可以板起臉孔，一切按規定行事。但是，加賀屋卻反其道而行，希望可以跟房客拉近距離，不過在這麼做的同時，還是切忌讓客人感到隱私遭受侵犯。因此，客房管家必須隨時察顏觀色，利用人性柔軟的一面去接近客人。

「請您靜心休息，如果想喝一杯的話，請您移駕至本飯店的酒吧。」這是飯店服務人員的招呼方式，聽起來總讓人有一股都會的冷漠感。但是，加賀屋並不是這樣，手島先生經常對櫃檯的新人這麼說：

「我們這家旅館，到了晚上，飲酒作樂的客人愈多愈好。這代表加賀屋是一個享樂的地方，我們不必一味去模仿飯店的運作模式。也請各位樂於享受這樣的氣氛，同時記得感謝客戶帶給我們歡樂。」

很多企業選擇在加賀屋舉辦研習會，手島先生除了安排大小事宜，有時候還會兼任講師，而他最常聽到的問題就是：「加賀屋獨步日本的特色何在？」這是一個抽象的問題，過去手島先生總是不知如何回應，但最近他已經體悟出最恰當的答案：「每一天，確實且殷勤地努力不懈，去做到一家旅館理所當然該做的事情。」

每一位經驗豐富的客房管家在表達內心的誠意時，都有一套獨樹一格的說話方式。他們在充分發揮個人特質的同時，也在每一間客房中，創造出獨一無二的回憶。每一天，孜孜不倦累積的經驗中，為加賀屋的客人帶來感動與滿足，讓正確的服務態度紮下深厚的根基。加賀屋裡的每個人，無時無刻不在推估可能發生的狀況，只為了提供客戶無可取代的服務。這份崇高的熱情，正是讓客戶感動萬分，並且一再來訪的原因。

一位客戶，背後潛藏著大批客戶

——「加賀屋」禮品袋的象徵意義

即使加賀屋是日本第一的旅館，但也不能只是高高在上、等著客人來預約。如果說待在館內迎接客人來訪，並且誠心誠意獻上款待的客房管家，是最前線的戰士，那麼每天四處奔走、發掘各種投宿需求的業務人員，就是外出衝鋒陷陣的游擊部隊。

加賀屋的業務經理布川幸夫先生（六十三歲），從事業務工作到今年為止，已經是第二十二個年頭。昭和五十七年（一九八二），原本在石川縣第二地方銀行工作的他，轉換跑道進入加賀屋任職。

布川先生在銀行工作時，累積了豐富的對外交涉經驗，他對旅館的業務工作感想如下：

「我在旅館販賣的商品，是肉眼看不見的『真心款待』，困難之處在於沒辦法具體呈現給客戶看。以前在金融機構，只要降低貸款利率，或是從存款和放款這兩方面切入說明，就能說服客戶把重要的金錢存進銀行，這些工作都有許多靈活的話術可以運用，和旅館比較起來，推廣業務的困難之處完全不同。當我還是銀行員的時候，只要順利說服客戶，很多人就會當場說：『那就麻煩你處理了。』接著就把錢交給我。但是旅館的業務工作，很難讓客戶當場開口說：『那麼下次就決定去你們那裡打擾了。』因此，想在這個工作上得到成就感，難度相當高。」

話雖如此，在石川縣當地，加賀屋是一家北陸地區無人不知、無人不曉的著名旅館。也就是說，創業超過一百年，連續蟬聯日本第一的殊榮，這段光輝的歷史，對業務人員而言，就是最大的助力。能登這個地方，很少專門承辦宴會等活動的旅行社可以委託他們推廣業務。而此處正好是布川先生負責的區域，因此，對他而言，每次孤軍奮戰出去跑業務時，手上寫著「加賀屋」的禮品袋就是無可取代的夥伴。

「加賀屋座落於能登，但對於當地的人而言，即使生活在同一片土地上，卻不是一個想去就能去的地方。我在推廣業務時經常發現，許多能登的居民認為加賀屋的禮品袋是一種身分地位的象徵。正因為如此，我更要讓他們了解，加賀屋其實是大家的好鄰居，絕對不是一個遙不可及的地方。加賀屋其實是屬於生活在能登這片土地上，所有人的共同資產。為了拉近與居民之間的距離，我每一次外出時總拿加賀屋的禮品袋來裝一些雜物，藉以消除加賀屋高不可攀的印象。」

布川先生的客戶中，有許多是能登的地方自治團體，以及一些公家機關和中小企業，所以他招攬業務的項目不只是住宿，還包括舉辦晚宴以及婚禮等活動，種類相當多樣化。然而，平成年代（一九八九）開始，地方自治團體進行廢除與整合，各個城鎮的機關組織大幅裁撤，進而造成預約訂單銳減。和過去相比，推廣業務的工作變得更加困難。

——打折不是一種服務

布川先生去拜訪熟客的時候，經常聽到客戶這麼說：「加賀屋絕對不能降價，因為一旦削價競爭，就會失去加賀屋原有的魅力。」這些人之所以這麼說，是因為他們明白加賀屋真正的價值何在。然而這句話的背後，正隱藏著加賀屋的業務人員直接面臨的問題。上一節最後提到，地方上的機關組織大幅減少，結果便導致投宿的客戶，變成以家庭或人數較少的團體為主流，這些散客經常提出強人所難的要求：「無論如何，希望價格能夠再便宜一點，我們也正在向其他家旅館詢價。我們這次舉辦的活動不只晚宴，還有結束後的小型宴會，你就設法再降價一些吧。」

另外還有許多年輕人抱著「去住一次看看」的想法，提出的條件大致如下：「我們大概有五、六個人，希望住宿附帶晚宴，還有之後的續攤，預算是每個人一萬五千日圓。」遇到這樣的情況，布川先生總是這麼說：「我有一個提議，您可以參考看看，就是今年暫時停辦員工旅遊，把投宿和宴會的預算累積到明年，再到我們旅館來入住，我保證到時候一定會提供最好的服務來款待各位。」聽到布川先生這麼說，確實有很多團體在第二年才前往加賀屋。

而且布川先生也信守承諾，讓每個人在這趟旅行獲得極大的滿足。看到他們喜悅的模樣，布川先生心裡才暗自鬆了一口氣。

加賀屋的經營方針，是用纖細的心思，提供臨機應變的服務。若要問站在業務推廣最前線的人員，怎麼保持這樣的心態來面對客戶？布川先生斬釘截鐵地回答：「永遠都站在客戶的立場來思考。」經過長年體悟，如今身為一位資深業務人員，這是他深刻銘記在心的理念。

「對加賀屋而言，降低價格並不能算是一種服務。從客人抵達的那一刻起，一直到離去為止，都能夠保持心情愉悅地渡過這段時光，貫徹這一點才是我們旅館應該提供的服務。」

假設輕易降低價格，即使對客人說：「僅此一次，下不為例。」加賀屋打折的消息，一定也會馬上傳開來。所以我們才會堅持，不管是誰來住宿，都一定用相同的心情，給予最用心的款待……。如果打破這個大前提，加賀屋就會失去應有的價值。「這一點，我們全體員工，永遠銘記在心。」布川先生這麼說道，同時遞上印有大頭照的名片，臉上掛著和藹可親的微笑。

——一位客戶背後隱藏的商機

現在這個時代，利用網路就能輕易預約旅館或飯店，這已經是一件理所當然的事情。加賀屋也和全國各地的旅館及飯店一樣，有專屬的網站，而這兩、三年來，利用網路預約的客戶也急速增加。三年前，從網路預約的人數，每年平均是三千五百人左右，到了平成十七年（二〇〇五），從四月起算一年間已經增加至一萬人以上，今年仍有持續成長的趨勢。

業務課長町居浩德先生（四十歲），對我們說明訂房方式的變化。他在昭和六十三年（一九八八）進入加賀屋，擔任櫃檯人員十年，之後又當了五年副經理。這些經歷帶給他的實際感受，就是業務工作還是著重於人與人、面對面，經過無數經驗淬練出來的感性。

町居先生除了管理業務課之外，同時也負責業務推廣，範圍包含七尾市以及能登半島中央部，還有金澤市的法人團體，當地的扶輪社和獅子會也都是他的客戶，另外還協助其他同仁處理經濟團體與政府機關的業務工作。拜訪客戶的時候，他的做法是將人情的溫暖直接傳達給對方，也就是追求「人與人」之間心意相通。

「說到底，與他人保持連繫，才是支持我走到今天的動力。」町居先生這麼說道。而他之所以會有這樣的想法，是因為所有客戶看到他身為業務負責人，永遠全力以赴的態度而產生共鳴，這對他而言，是工作中無可取代的最大意義。

舉例來說，日本國內某一家大型ＩＴ企業，計畫在金澤設置一家相關產業的總公司，當地的負責人為了訓練幹部，曾經在加賀屋召開兩千人規模的研習會。之所以能夠接到這個案子，是因為町居先生負責該企業的業務時，與那位負責人彼此互相信賴，建立起穩固的人際關係。

另外還有一個例子也是相同的情況，當地某一家企業的課長，曾經委託町居先生召開職場宴會，因為部門規模不大，參加人數大約只有十五個人。當時，這位課長費盡心思，好不容易申請到剛好足夠的預算，來到加賀屋洽談舉辦宴會的事情，而町居先生也展現出最大的誠意來協助，因此課長對他評價甚高。兩個月後，同一家企業在加賀屋旗下經營的宴會場「饗宴之風」，舉辦了一千兩百人規模的大型派對。

加賀屋座落於七尾市，是能登的中心都市。能登有一個日本最大的港灣腹地，因此，不少土木工程的興建可能需要花費許多年。許多技術人員為了營造這些工程，從市中心進駐工程現場，這些人也為加賀屋帶來許多商機。某位單身赴任者的夫人，在加賀屋受到誠心誠意的款待，內心感動不已。工程結束時，這些技術人員就在加賀屋舉辦一場三百人的慶功宴。

町居先生表示：「業務這項工作，總是在自己快要遺忘做過的努力時，才會展現出成果。所以我們不管面對任何人，絕對都不能忘記心懷誠意以待，只要心裡隨時記得盡最大的可能去達成客戶的要求，就會得到難以想像的回報。即使是一位隻身前來投宿的客人，我們都可以在他的背後看到一群客戶。我一直到現在，都抱持這樣的想法在工作。」

平成年代各地實施城鄉大合併，長年以來的熟客都產生變化，現在町居先生把推廣業務的重心，放在戰後出生率最高的那個世代，慶祝六十大壽的宴會。「就算只有一位客人，這些嬰兒潮出生的人們，同世代的朋友加起來總共有六百萬人，我打算努力去為他們服務。」

町居先生語氣堅定地這麼說道，而他雙眼直視的目標，就是「住宿人數每年增加一倍！」

❁

第六章　背負加賀屋未來的人生

真心款待帶來幸福的連鎖效應

——繼承前任女將的敦厚人情

旅館的女將經過千錘百鍊，具有難以動搖的地位。小田真弓女士（六十七歲）也一樣，與其說她嫁入小田家，更像是嫁進加賀屋長達四十三年。打從她學習成為一位女將時，就接受前代女將的嚴厲教導，不分日夜地打掃玄關或擦拭客人的皮鞋，一天都未曾間斷。

真弓女士剛入門的時候，加賀屋的名號不僅尚未享譽全國，而且只是當地人才知道的一家小旅館。當時孝女士和丈夫兩人挑起經營旅館的大樑，平常雖然是個對媳婦照顧有加的婆婆，然而，轉變成女將身分的瞬間，凡事都不妥協的態度，就展現出可怕且不容撼動的地位。

真弓女士回首當年說：「當時的旅館女將和現在不同，一年三百六十五天都不能休息，必須一直工作。婆婆甚至告訴我，休息是一種罪惡，就算我因為不習慣，累得不成人形，她還是不准休息。」因嫁給加賀屋的長男，形同允諾將來須繼承女將的衣缽。

真弓女士一嫁進來，孝女士就把她當成下一任女將。舉凡打掃玄關、擦皮鞋這些工作自然不在話下，還命令她到櫃檯擔任接線生，從零開始灌輸她旅館業工作的基礎。

「在客人入住前，必須把客房打掃乾淨，因為婆婆對任何事情，都不允許半途而廢。所以就算我再怎麼疲憊不堪，一定要把事情做到十全十美。打掃完以後，她來檢查的程度，簡直是非比尋常的吹毛求疵。現在回想起來，她所做的一切，都是為了我的前途著想，就像父母疼愛子女的心情一樣。」

孝女士最著名的管理方法是女將巡房，曾幾何時，真弓女士也開始跟著她，到每一間客房打招呼。此時的她，已然是「加賀屋繼任女將」的代名詞。從真弓女士的觀察來看，雖然孝女士到每間客房打招呼時，花費的時間並不長，但是當她一進到房裡，無論是壁龕裡掛軸畫作捲曲的角度、房間四周角落的灰塵，都能確實指出不盡完善的缺失。即使行事作風如此嚴厲，但其實她總是衷心祈盼每位在加賀屋工作的人都能得到幸福。在日常生活中處處為人著想的敦厚人情，對真弓女士而言宛如天邊雲彩，是自己永遠無法觸及的境界。

到了晚年，孝女士因為行動不便，不得不坐在輪椅上，但她仍是加賀屋的精神支柱。當她辭世的時候，加賀屋已經獲得「日本飯店暨旅館專業百選」第一名，而且維持了許多年。想到自己從此必須肩負起延續這份榮譽的責任，真弓女士感到一股恐懼襲上心頭。

「婆婆過逝的時候，我內心徬徨無助，腦海裡只有一個念頭：『從今以後，該怎麼辦才好？』一想到自己是不是夠資格成為一名女將，掌管加賀屋的大小事物？我就害怕得不知如何是好，直到有一天，我決定保持自己的本性，不用過度緊張，也不需要擺出高高在上的態度，用最自然的心情去面對每個人。從那一刻起，我才感到稍微鬆了一口氣。」

從孝女士離開人世，真弓女士成為女將獨挑大樑至今，已過了將近二十個年頭。過去那個不知所措的真弓女士已然消失無蹤，如今她用自己的風格，成功扮演女將，成為新時代加賀屋的支柱。讓加賀屋維持日本第一長達二十六年，在現場親力親為的真弓女士這麼說道：「我充其量也只是經營好一間旅館而已。」但這句話背後的意義，或許表達出她已脫離孝女士的女將風格，創造出屬於自己的女將形象，並從中得到自信。

──重視客戶，所以期盼員工得到幸福

真弓女士每天早上七點半會出現在辦公室，聽員工報告前一天接待客戶的詳細情況。在這之前，員工們就會把每一間客房，以至館內發生的所有事情整理好，呈報給她知道。真弓女士在掌握所有資訊後，就到門口去向每一組退房的客人送行。

「我不需要太過引人注意，只有在需要我露面的時候出現就可以了。」

真弓女士一直堅持這樣的想法，在送行的時候，她總是讓客房管家、總經理和副經理站在前方。這樣的做法，正是名符其實「端莊凜然」的表現。每一天早上送行的時候，加賀屋一行人總是先鞠躬到接近九十度，接著露出和藹可親的笑容，對著巴士上的客戶揮手，直到

看不見巴士為止。這一瞬間的光景，看在客戶眼中，不管是一般員工，或是管理階層的人，對於加賀屋這群熟諳真心款待真諦的專家，都留下強烈的印象。

送走客人後，真弓女士會和負責指派客房管家的房務中心以及櫃檯人員、調理部開會，這時大約是上午十點二十分左右。談論事項包括這一天有哪些團體客人會抵達，是否有熟客入住，每一間客房的管家分配是否有問題，或者是為了接待慶祝五十週年的金婚，以及結婚紀念日而來訪的客人，在各項準備上是否有遺漏等，整場會議可以說是影響到當天的成敗。

中午稍事休息之後，三點多還有一場最後確認的會議，接下來就是迎接客人的高峰期。到了六點左右，真弓女士就開始巡房，她總是盡可能到每一間房打招呼。雖然雙眼透露出和藹的笑意，但是其中隱含著承襲自孝女士的敏銳觀察力。直到每一間客房都吃過晚餐後，真弓女士才會開始用餐，這個時候宴會也過了最高潮的時期，大約是晚上八點半。

真弓女士每天的生活就是重覆上述的工作，她時時刻刻繃緊神經，深怕對客人的服務有任何一絲差錯，同時也仔細觀察每位員工的表現。例如有沒有客房管家臉色有異狀，心裡是不是有煩惱……。旅館的員工表示真弓女士關懷他人的心意，簡直就和孝女士一模一樣。

真弓女士常說，自己也不是完美的人：「這裡的每個人都分擔了我的工作。所以我隨時對他們抱持感激，並且衷心期盼在加賀屋工作的每個人都能得到幸福。真正重視客戶的話，就必須讓接待他們的客房管家也能得到幸福才行。因此我無時無刻不在想著，怎麼樣才能建立一個可以快樂工作的職場，以及怎麼讓加賀屋的每個人能夠心意相通。」

加賀屋鼓勵所有員工都能培養自己的興趣，正是真弓女士這段話的最佳體現。因為她把每個人當成自己的孩子一樣疼愛，希望他們打從心底擁有一項興趣，或是拿手的技能，如此一來，就能從中感受到生存和工作的價值。有些人認真去學習插花或茶道；有些人開始學習燒製陶瓷或當地的歌謠；有些人喜歡在山野漫步，對能登的自然環境瞭若指掌；有些人潛心鑽研和服等傳統技能，並且取得各項認證……。曾經有人表示：「希望能去各地美術館參訪，提昇自己的藝術素養。」之後就請了長假，造訪日本國內的美術館。當他結束休假，帶著生動的表情回到工作崗位，工作時雙眼總是流露出自然且滿足的笑意。

——瞭然於心，看不見的服務

真弓女士自己也曾經去學習桌面擺設的課程，每次聊到這件事，她的言語中總是透露出愉悅的心情：「每個人培養的技能，都可以將客房點綴得更加生動繽紛，許多客人也對此稱讚不已。我們每年會舉辦兩次全體員工的桌面擺設發表會。每一位客房管家都知道，自己設計的一盆花飾，可以讓客人得到心靈上的平靜。因此，她們對服務的想法就是：『精心打造一間客房獻給客人。』而實際上，當她們擺設的桌面佈置，吸引許多客人前往觀賞的時候，臉上也都露出欣喜的表情。這個時候，我總是對她們說：『妳們才是客房裡的主角。』」

加賀屋的服務，並不會展現在顯而易見的地方，而是一種瞭然於心的風格。這一點，也可以說是真弓女士以女將的身分，在加賀屋實踐真心款待的具體呈現。

「讓我來說一個故事。」真弓女士為我們舉出一個實例。過去曾經有一位講師，為某個團體的研習會授課之後，在加賀屋住上一宿。隔天早上，當他吃完早餐準備離去之際，一個人待在客房內，靜靜地眺望蔚藍的晴空，與一望無際的大海。

這個時候，舉辦研習會的團體，為講師安排的計程車已經在旅館外面等待。然而，客房管家特地為講師泡了一杯茶，並沒有告訴他計程車已經抵達。過了一會兒，講師欣賞完窗外的美景之後，回過神來問道：「我記得他們說會幫我叫計程車，已經到了嗎？」客房管家之所以刻意不提起計程車的事情，是因為他知道對講師而言，沈浸在加賀屋的餘韻，以及享受優美的景色，是一段美好的時光。

真弓女士這麼說道：「或許我剛才提到瞭然於心的服務，就是這麼一回事。雖然看起來微不足道，即使客人完全沒有察覺也不打緊，因為這種方式的服務，才是我們必須常存於心裡的態度。如果一切都照規定來做，與客人之間的互動，很容易就會變成例行公事。所以，與其訂定一部嚴謹的規則，我更希望每個人都能隨時細心觀察，去發覺當下對客人而言最重要的事情是什麼。」

——唯有夢想，才能成就日本第一

加賀屋成長到這麼大的規模，要堅持上一節提到的原則，絕對是非常困難的一件事。過去日本泡沫經濟破滅時，真弓女士也深受其害。關於這點，她這麼說道：「回過頭來看才發現，當時加賀屋真的是過度擴張規模了。」有了這次的經驗，讓她更加堅持重質不重量的服務精神。「加賀屋應該再縮小規模，成為能夠照顧到每一位客人的旅館。今後，我想更加重視日本傳統文化，以及沉穩的日式情懷，把能登的歷史與文化當做旅館的門面來經營。」真弓女士這番話，蘊含著些許焦急的情緒。

實際上，真弓女士曾經考慮過，不再堅持日本第一的地位。

「但是，當我腦海裡浮現這個念頭的瞬間，就直覺感到加賀屋將會就此一蹶不振。因為就像沒有一個日本人不知道富士山，因為那是日本第一高峰。如果富士山是第二高的山，或許就沒人會記得這座山的名字，加賀屋能保有今天的地位，也是一樣的道理。如果我的夢想是打造一家讓人流連忘返的旅館，就必須讓加賀屋維持現在的地位才行。」

真弓女士堅定地這麼說道，言語間完全感受不到一絲迷惘。

加賀屋女將　小田真弓女士

兄主外、弟主內

——兄弟自幼便明確決定自己的角色

加賀屋的董事長小田禎彥先生，是日本政府認證的「觀光業界領袖人物」。他的事業版圖不僅限於故鄉石川縣，同時也在中央政府身兼各項要職，每一天都過著非常繁忙的生活。當他外出工作時，鎮守加賀屋的任務，就落在妻子真弓女將以及經營團隊裡所有幹部身上。有別於女將負責接待客人的現場工作，小田先生在加賀屋裡負責的工作，是針對各種情況下達經營指令，同時與加賀屋第二把交椅小田孝信社長，一同掌握現場的狀況。

小田社長與身為董事長的哥哥相差三歲，哥哥擔任社長時，他是專務董事，之後在兄長成為董事長，他才繼任社長，肩負起部份的經營工作。

時至今日，加賀屋的經營基礎，就是創業以來嫡系相傳的小田兄弟，兩人彼此間具有不可撼動的信賴與合作關係，這一點任誰都能一目瞭然。但是，前代女將小田孝女士，也就是兄弟兩人的母親，一開始就以明確的教育方針，來培育長男與次男。當小田社長年紀還小的時候，母親就告訴他：「長男必須承擔最大的責任，所以你要協助你的兄長，讓他站上最崇高的地位，這就是你身為弟弟的使命。」小田社長就是在這番訓誨中長大成人。

孝女士熟知用人之道，對於客房管家的關懷自然不言而喻，並且細心觀察在館內工作的每一個人，只要察覺到他們遇有什麼問題，或是心裡有什麼煩惱，一定會給予適當的照料，這就是她身為知名女將具備的風範。然而，看著兩個兒子逐漸長大，一想到「這兩個人總有一天會成為加賀屋的台柱」，內心不由得湧上不安。

加賀屋上一代繼承人是與之正先生，年少時期，他的姊姊和姊夫也把旅館經營得有聲有色。也就是說，小田家一族接掌加賀屋之後，能夠創下今日卓越的成就，背後有一段歷史淵源。

回首創業以來將近百年的歲月，這一代年齡相近的長男與次男，彼此不曾爭權奪利，然而孝女士仍舊一直擔心著：「這兩兄弟能不能和平共處，齊心協力經營加賀屋呢？」或許是因為這番擔憂的心情，才讓她在次男孝信年少時，不停教導他必須以兄長為重。

——兄弟齊心，其利斷金

小田社長還記得年幼時，幾乎不曾和雙親一起吃飯、一起睡覺，也不曾一同出遊。在他幼小的心靈裡，就已經明白這是出生在旅館世家的命運。看著雙親為了工作投注全部心力，他從未因此有過一句怨言。在他強忍心中的寂寞時，唯一的安慰就是可以吃到火腿煎蛋。當

加賀屋社長　小田孝信先生

時是昭和二十五年（一九五〇），火腿尚未普及至一般家庭，小田先生上學前都可以吃一份火腿煎蛋，而且還請朋友吃，讓他們為之驚訝不已。

這個時候，他的雙親住在加賀屋角落裡的小房間，一天二十四小時、一年三百六十五天，以經營者的身份堅守著旅館，防範火災等意外事故發生。小田社長表示：「現在回想起來，當時雙親內心應該完全沒有片刻喘息的時間，一心只顧著完成維持家業的夢想吧。實際上，雙親的確把自己的人生都奉獻給旅館。也正因為長期處於那樣的生活環境，他們才會擔心我們兄弟倆，是否能夠合作無間，共同繼承家業。」

另外，在哥哥還是社長，而自己擔任專務董事時，小田先生經常聽到孝女士這麼說：

「你哥哥告訴我，因為有你的幫忙，他才可以放心在外面打拼。你總是只能待在旅館裡，心裡或許有些不滿，但是我希望你能夠了解，哥哥有多麼信賴你。」

打從快上小學的時候，一直到現在年過四十，已經可以獨當一面，小田社長就不斷接受雙親單方面對他的要求。漸漸地他領悟出一個想法，那就是加賀屋是小田家的家業，正因如此，在背後支持兄長，是做弟弟應該負起的責任。實際上，小田社長從大學畢業後，在大型旅行社上班一年半，就跟隨哥哥的腳步，投身進入加賀屋工作。

從這個時期開始，他們兄弟的角色逐漸更加明確。哥哥以青年會為中心，向外推廣業務，在日本全國各地拓展人脈，取得各種資訊之後，逐項分析。若是資訊內容對加賀屋有幫助，就由弟弟來確實執行。昭和五十六年（一九八一），加賀屋決定建設能登渚亭。這項企畫的契機，是小田會長透過在外面打出人脈，認識設計師之後才有具體的計畫。當時小田社長年紀還很輕，只有三十六歲，他不斷和設計師討論細節，同時籌措資金，費盡一番苦心，最後終於能夠動工，說起來弟弟的確佔了很大的功勞。

「能登渚亭的建設，對於日後加賀屋的發展，帶來極大的助力。但是，這項龐大的投資，如果沒有雙親為加賀屋打出知名度，也不可能實現。當時我和哥哥經常說：『如果建造能登渚亭的結果，造成加賀屋破產的話，我們只好受雇於其他旅館，去當總經理吧。』」

在談話中透露這段過去的小田社長和小田董事長，不知不覺中，已經成為無法失去彼此的好夥伴。兄弟兩人在工作的劃分上，有著絕妙的默契，兄主外、弟主內，表裡密不可分。小田董事長最後補充說明：「就像是我負責出席結婚典禮，弟弟就專門去參加喪禮。雖然他的工作內容毫不起眼，但他總是老老實實做好每一件重要的工作，我才能放心在外面的世界奮力衝刺。」

——為了加賀屋、為了全體員工

在這四分之一個世紀當中，加賀屋能夠走出一條光輝大道，小田家第二把交椅在背地裡，如鴨子划水般的努力，的確功不可沒。然而，小田社長語帶保留地說：「接下來我要說的事情，其實放在心裡很久了。」接著才娓娓道來：

「雖然我有三個女兒，但從三十年前開始，我心裡就打定主意，等她們長大以後，絕對不讓她們在加賀屋工作。即使我們兄弟兩人，同心協力撐起這個家族企業，但是下一代的價值觀，與追求的目標勢必與我們不同，很可能無法承襲加賀屋的精神。守護家業是我的責任，或許有一天，我會毫不猶豫把這片江山交給有能力又願意繼承的後輩。這才是小田家家訓的真諦。」

對小田社長而言，最重要的東西，是加賀屋裡那群為數眾多的員工。每年正月時期，小田社長總會準備許多小紅包，用平假名寫下「社長」兩個字，到加賀屋為員工小孩設立的托兒所「袋鼠小屋」去，將小紅包發給員工的孩子們，一同迎接新年的到來。「身為社長的我，必須身兼父親的角色才行……」小田社長露出怡然自得的表情，無疑是他的心境寫照。泰然自若的處事風格，渲染了身邊的人、事、物，讓人一見到他，就好像身處於加賀屋一般，叫人心曠神怡。

人生中最精彩的滿壘全壘打

——長大以後，一定要繼承加賀屋

加賀屋的魅力，是依靠每位員工全力以赴打造出來的成果。行文至此，我寫下了背負加賀屋這塊響亮招牌的人們，心裡最真切的想法。這群人具有專業人士的自覺，在每一個工作現場都用盡真心來款待客人，若要探究促使他們如此用心的原動力，就不得不提到董事長小田禎彥先生。因為他總是細心觀察每一個人的工作環境，面對各種局面都能果敢下達指令，並且自己肩負起所有責任。

昭和十五（一九四〇）年二月七日，前代董事長小田與之正先生和孝女士夫婦，生下小田董事長，在他開始懂事時，正好是二戰剛結束。他可以說是看著雙親費盡心血，白手起家創建旅館，以及業績扶搖直上的過程。

當他進入中學就讀，正值多愁善感的年紀時，雙親擔心旅館宴席間，女性藝妓出入頻繁，會帶給他不良影響，因此把他和弟弟帶離自己身邊，兄弟倆就在金澤的城鎮裡，渡過中學及高中時代。即使如此，十二、三歲的他，因為思念家鄉的心情十分強烈，每週五下午就會搭乘列車，回到和倉溫泉，待到週日再搭乘深夜列車，回到金澤寄宿的地方，這樣的生活持續過了好幾年。

這在數年間，小田董事長看著父母埋首加賀屋的經營中。雙親身影深深烙印在他腦海，於是他心裡暗自決定：「等我長大一定要繼承加賀屋的事業。」年少的小田先生在小學高年級的時候，就曾經展現出將來要成為旅館主人的風範，這段往事十分有趣。

某天夜裡，少年小田走在和倉溫泉的市街上，遇到大約十名喝醉的男子，其中一人手上拎著一雙帶子斷掉的木屐，光著雙腳彆扭地走。少年小田定睛一看，那群人身穿加賀屋的浴衣。「啊，那些人是家裡的客人。」當他察覺到這件事，又想到自己正好穿著加賀屋的木屐，於是他馬上跑上前：「請您換上我的木屐吧！」同時接過客人手上帶子斷掉的木屐。

看見這名陌生的少年突如其來的舉動，男子驚訝地問道：「你是誰家的孩子啊？」小田先生回答：「我是加賀家老闆的兒子。」此時，男子操著關西腔，誇獎他：「你長大以後，一定會成為一個了不起的旅館主人哦。」

那夜，初次接受客人稱讚的往事，小田董事長至今仍牢記腦中，他回憶起當時的心情：「現在回想起來，那個時候我太出風頭了。給人的感覺，就好像是一個故作成熟的怪小孩，不過我可以很自然地對他人展現出親切的舉動，或許是因為從小看著雙親在工作時，貫徹為客人著想的理念，對我帶來的影響。」

——青年會裡的邂逅，成為日後的資產

過了一段時間，小田先生進入大學就讀，而他對於將來的出路仍舊沒有一絲迷惘。進入立教大學經濟學系後，他馬上就加入飯店研究社。那個時候正是東京奧運開辦的數年前，當時的日本社會對於「觀光」一詞的理解，以及「飯店」應有的感覺，都還沒有深刻的認識。小田先生一加入大學裡的飯店研究社，朋友就開始揶揄他說：「你們是專門研究色情賓館嗎？」即使認真回答：「不是你想的那樣，我是為了繼承老家的旅館，所以才想在社團裡學習。」然而在那個年代，一般人總會嘲諷地說，只有沒實力的人才會繼承家業。

大學畢業之後，日本經濟正值高度成長時期，朋友們紛紛進入一流企業成為上班族，打算在商場上一展身手。看著他們個個意氣風發的模樣，小田董事長仍舊毫不猶豫，踏上自己早已決定好的道路，朝著旅館經營的目標前進，因此，他毅然決然進入加賀屋工作。然而，旅館內的叔叔、伯伯們，都是負責業務和幫忙管理金錢及出納工作，基層員工基乎沒有男性，周遭的客房管家全都是女性。

「這樣的成員，根本就稱不上是一個組織。如果想擴大加賀屋的規模，勢必要尋找飯店裡那種身穿黑衣的專業櫃檯禮賓，來彌補自家旅館不足之處。」小田董事長直覺就想到這件

事情，因此他最初投入的工作就是召募人才。但是，想找到將傳統旅館視為企業組織，並且願意把未來寄託在加賀屋的年輕人，並非易事。即使尋尋覓覓找到人才進來工作，但不少人卻因為女性關係與金錢方面的問題，最後背叛小田董事長的期待而辭職。

小田董事長最初遇到的挫折，就是找不到同齡的人才，願意和他攜手實現把加賀屋拓展成大型企業的夢想。因此，在二十到三十幾歲這段青年時期，他總是為了編排員工的班表，以及難以順利調派工作內容而感到苦惱。

加賀屋董事長　小田禎彥先生

隨著心中的苦惱愈來愈高漲，他開始關心其他業種與業界的動向，以及旅館以外的世界。二十三歲那年，他受邀加入當地的青年會。當時，全心投入旅館經營的父親，還嘲諷他說：「參加青年會那種活動又不能當飯吃。」然而，對青年時期的小田先生而言，看到青年會裡的夥伴和自己一樣，為了探索企業經營之道，每個人手忙腳亂，無形之中也讓他變得更加堅強。

很快地，小田青年便埋首於青年會的各項活動中，而且在二十九歲那年，眾人推舉他成為當地七尾青年會的理事長。到了三十幾歲時，更躍升為日本青年會的董事。這個時期，他結交了牛尾治朗[1]先生，以及許多之後在財經界舉足輕重的朋友，個個都是成就非凡的人物。與這群年輕人來往的過程中，小田董事長得到了「勇氣、信服與友人」，同時也明白到「世界上有許多本事高強的人，自己就像個沒見過世面的鄉巴佬，在他們面前不能班門弄斧。」這段經歷，也讓他養成謙虛的性格。

直到四十歲那年，十七年來參予青年會帶來的成果，就是建立起遍佈全日本的人脈與資訊網絡。小田董事長在這段期間，吸收了許多人力資源和經營智慧。其後以此為根基，各項投資及經營策略判斷都屢創佳績，為日本國內旅館業界投下一枚震撼彈。

——恩人辭世帶來的邂逅

昭和五十六年（一九八一），小田董事長著手興建「能登渚亭」，這是他第一筆巨額投資，金額高達三十億日圓。他自詡這筆投資是「人生中最精彩的滿壘全壘打」，當時小田董事長正值不惑之齡，四十歲的他已經離開青年會，從一名學習者轉換為正式投入家業，賭上人生勝負的角色。那一年，正好是加賀屋獲選「日本飯店暨旅館專業百選」的第一年，之後更是創下蟬聯二十六年的輝煌紀錄。說起來，可以算是加賀屋的第二次創業。

當時，極力鼓吹小田董事長建設新館的人，是長野縣頗具盛名的山田溫泉旅館的經營者藤澤通夫。藤澤先生在前一年都還擔任全國旅館業界的青年部長，對於接任這個位置的小田董事長而言，因為兩人年齡相仿，藤澤先生就像是一位足以信賴的兄長。

在「能登緒亭」開始興建不久之前，藤澤先生特地來到加賀屋，拜訪前代董事長小田與之正先生。「從現在開始，加賀屋就是您兒子的時代了吧。」藤澤先生一開始先這麼說，接著對當時的小田董事長提出建議：「小田先生，經營一家旅館，不管是內部裝潢還是料理，都可以依照經營者的喜好來安排，我認為這是一件很棒的工作。我希望你可以維持加賀屋小巧卻精緻的經營風格。」

過沒多久，藤澤先生在四十六歲的時候，就因為太過投入於工作，導致蜘蛛膜下腔出血而離開人世。後來，在恩人藤澤先生的葬禮，小田先生遇到設計師山本勝昭，後來就委託他設計「能登渚亭」和「雪月花」。那一天，藤澤先生的夫人這麼說：「山本先生為我們旅館

註1—牛尾治朗（一九三一年二月十二日～）日本著名實業家，牛尾電機株式會社創始人。同時也是公益財團法人日本生產性本部會長、名譽會長、公益財團法人總合研究開發機構會長。一九九六年榮獲第22屆經濟界大賞，一九九六年獲得財界大賞。

做了許多工作，希望請你也可以委託他協助設計。」這段話，對小田董事長而言，可以說是改變命運的契機。那個時候，他萬萬沒想到這次的相遇，對之後的加賀屋是一個起死回生的轉捩點。

說實話，當時四十歲的小田先生，對於比自己年輕五歲的山本先生，還不是完全地信任。但是，小田董事長內心一直謹記著：「這份請託是藤澤先生的遺言。」於是，他就在對新館還沒有具體想法的情況下，委託山本先生繪製設計圖。在他初出茅廬時，曾經暗自想著：「等到我能獨當一面，一定要把加賀屋改成大飯店。」但此時他心裡已經不再有這個想法。曾幾何時，他的目標已經轉變，希望把加賀屋打造成一家繞富現代旨趣，卻又不失傳統美感，獨樹一格的旅館。

所幸山本先生是一位別具匠心，對傳統建築造詣極高的優秀人才。原本小田先生只是抱著辜且一試的心情，但是當他收到設計圖的那一刻，不禁倒抽一口氣。第一眼看到設計圖，最令他驚艷的地方，就是中庭挑高至天花板的大膽設計，搭配上能夠直視外面的透明電梯，外觀雖然是一棟高層的現代建築物，但搭乘電梯時可以欣賞到內部精美的傳統日式空間，而且每一間客房都洋溢著茶室般的典雅氣息。

小田董事長堅信：「這樣的設計，絕對是其他大型飯店難以模仿的純日式傳統旅館。」此時他對「能登渚亭」有了一個明確的概念，並且將目標客群設定為五十歲以上的婦女。接著便加快腳步，與山本先生一同著手興建。完工之後，讓世人眼睛為之一亮的重點，並不只是華麗的外觀與裝潢，還有豐盛多樣的料理與自動化運送系統最是叫人拍案叫絕。耳目一新的創舉，是日本旅館業界前所未見的經營模式，而這些設施也都獲得一致好評。

藉由投資設備，降低重度勞動，轉化為真心款待

到「能登渚亭」投宿的客人確實都對客房讚賞有加，這次的成功經驗，也促使加賀屋連續獲得日本旅館綜合評價第一名的佳績。或許是因為口耳相傳的關係，過沒多久，「能登渚亭」的客房就供不應求，因此，平成元年（一九八九）九月，加賀屋又推出一棟二十層的新館「雪月花」，投資額高達一百二十億日圓。此時日本經濟高度成長時代已經接近尾聲，整個社會籠罩在一片不景氣的氛圍中。日本國內各家旅館業績也都十分慘澹，然而其他人對這項高額投資都相當不看好。小田董事長經常聽到有人在背地裡評論：「加賀屋的後代又跟年輕設計師聯手在胡搞瞎搞。」

即使如此，小田董事長還是不在意周遭的閒言閒語，堅持在「雪月花」裡導入最新型的料理運送系統。這個裝置有一組懸掛在空中的軌道，搭配放置大量料理的餐車，就可以直接從廚房自動配送菜餚到各樓層的配膳室，只要按下一個按鈕，就能確實送達。這套系統的運

送速度是一分鐘九十公尺，最多可以同時將五千份料理，運送到距離宴會廳及客房最近的配膳室。原本需要三十個人的勞力工作，精減至七個人就能完成。至今，這套自動運送系統仍舊發揮驚人的效率，持續運作著。

當時，這項設備讓所有同業全都大吃一驚。然而，如此大費周章投資這項運送系統，目的在於減輕服務人員的工作量，絕對不是為了降低人力成本。小田董事長堅定地這麼說道：

「總而言之，我反而希望聘請更多優秀的客房管家，希望她們都能用心在服務客人上面，並且實徹真心款待的態度。因為在加賀屋工作，不需要去做搬運料理這些重度勞動的工作。創造出這樣的工作環境，真正有能力的人自然願意來這裡工作，料理運送系統就是我留住人才的祕訣。而這項設備節省下來的勞力，當然就可以讓她們用盡心為客人服務。」

從這點可以看出，加賀屋堅持的一項理念，就是要成為一家聚集優秀人材的旅館。為了達到這個目的，充實的設備絕對是重要關鍵。但是，不管再怎麼提昇硬體規格，經營旅館最不可或缺的要素，還是理解人情世故的微妙之處，以及深深打動人心、讓人能夠愜意悠閒的接待方式。因此，聘用合適的人才與實施完善的教育就相形重要。在旅館內擔任客房管家的女性當中，不少人都是因為各種原因，才會離鄉背景來到這裡工作。而實際上，很多人都是因為離婚等因素，必須在工作的同時，一肩扛起扶養子女的責任。

加賀屋花費了龐大的預算，投資在運送料理的系統上，或是興建托兒所，讓帶著子女的女性員工可以放心工作，出發點都是為了建立一個讓員工無後顧之憂的工作環境。

「在一個有所顧忌的舞台上，員工應該無法盡情一展身手。為了讓員工跳出客人喜歡的舞步，首先必須先讓員工自己能夠發出閃耀的光輝才行。而我的工作，可以說就是盡心準備這樣的舞台。」

小田董事長堅定地說道，話語中充滿了對經營的覺悟與信念。他表示短期來看，這些投資或許不划算，但長期來說一定會帶來豐碩的成果——。所以他並不在意帳面的數字，心情也不會因為業績受到影響。「過去父親在經營旅館時，總是必須依賴銀行融資，現在日本旅館業者普遍也是採取相同做法。但是，加賀屋絕對不能依循這樣的模式，我自己也不想看銀行的臉色來做事。」因此，小田董事長派遣員工到美國的一流飯店，徹底接受對方的教育。從這一點可以證明，他想跳脫銀行掌控的決心。

——因為員工的付出，自己才有今天的成就

昭和六十二年（一九八七），小田董事長初次帶團到美國取經，到平成十七年（二〇〇五）

九月為止，總共舉辦了八次研習會。每一次出國研習的時間，大約是一週到十天左右，截至目前為止，共有將近一百七十名員工參加。員工滯留在美國的期間，小田董事長總是會讓他們投宿在當地著名的飯店，除了可以親自體驗傳統美式作風的服務外，還能深刻體悟美國人重視「公平」的風俗，以及只要肯努力，任何人都有能夠打出一片天的機會，也就是所謂「自由競爭的機會」。

平成十五年（二〇〇三）四月那次的研習為期一週，共有二十四個人參加。他們造訪了洛杉磯、拉斯維加斯、舊金山以及蒙特雷，第四天的時候，在舊金山的半月灣麗思卡爾頓飯店（The Ritz-Carlton, Half Moon Bay），參加一場由該飯店總經理擔任講師的研習會。麗思卡爾頓飯店的服務態度，堪稱世界頂尖水準，業界評價首屈一指。這家飯店最著名的傳統，就是所有員工都具備紳士及淑女的風範，無論任何情況，或是面對任何人，永遠秉持一視同仁的服務精神。

小田董事長深信，透過每一次到美國研習時，住進與麗思卡爾頓同等的頂尖飯店，親自以客人的身分來學習待客之道，絕對能夠為加賀屋奠定服務的核心價值，同時也是讓這家旅館存續下去的方法。遠渡重洋來到美國，看到這群接待客人的專家，和自己抱持相同的理念在工作著，心裡產生的共鳴與衝擊，也能讓加賀屋裡的每個人，體悟到真心款待的真諦，讓加賀屋的魅力更添光彩。

小田董事長在年輕時，行事作風也有血氣方剛與豪放不羈的一面，而今年過還曆，他開始回顧自己的人生：

「說起來，我已經超過六十歲，或許開始有些『多愁善感』。每年都有一些年輕人到我的旅館來就職，如果是以前的我，總會以高高在上的態度，覺得自己為他們『提供就業機會』。」

更進一步詢問，心態上到底有什麼變化，小田董事長這樣回答：

「看到雙親帶著孩子前來，放低身段委託我們幫忙教導他們的孩子，我變得可以體會雙親的心情。每一個年輕人，都是父母心中無可取代的至寶，因此，我認為自己有責任好好栽培他們。因為我深刻領悟到，有這些年輕人的付出，自己才有今天的成就。」

當前代經營者，也就是自己的父母親，將經營的重責大任託付給自己時，肯定也是抱持著相同的心情，這也是加賀屋代代相傳的精髓所在。小田董事長十分明白，如果沒有眾人揮灑汗水，和自己同心協心撐起加賀屋，自己和加賀屋也不可能有今天的成就。每當他想起將近八百名員工，每一個人的臉孔都浮現在腦海中，於是他心裡總會浮現出一個念頭：「希望自己能夠讓他們擁有一段幸福的人生。」

小田董事長就像加賀屋的大家長一樣，將每個員工當做自己的孩子，關心他們是否為了經濟狀況所苦，或是心裡有什麼煩惱⋯⋯。今年春天，加賀屋召集這些年輕人，組成一個企畫團隊，共同思考未來的經營策略，這項企畫約有四十名員工積極投入。看到這麼多人熱烈響應，小田董事長也為之勇氣百倍，此時他的臉上，浮現出一個經營旅館的老人家最誠摯的笑容。

後記　眞心款待的基因

細井勝

有些人看完這本書，或許會以為這是一本藉由介紹加賀屋，講解日本傳統旅館經營策略的教戰手冊。

然而，即使透過本書明白加賀屋顯示於外在的風格，並不代表可以將書中提及的精神應用在實際經營面。因為加賀屋的風格，是百年歷史的傳承，經過漫長歲月連綿不絕的淬鍊，才把真心款待的基因植入人心。正因為有這段過程，才能造就出這家知名旅館的實力與魅力。

當我透過取材來撰寫這本書的時候，有一件事情讓我十分驚訝，那就是在加賀屋負責各個工作崗位的人們，都可以明確說出「加賀屋待客之道的真諦，以及自己應該謹守的本份為何」。

小田真弓女士曾說：「真正重視客戶的話，就必須讓接待他們的客房管家，以及其他所有員工都能得到幸福才行。」這段話裡，其實隱藏了真心款待的真諦。因為只有每個人都帶著幸福的心情來接待客人，才能讓造訪加賀屋的人們，也能感染到幸福的氣氛，也就是說「真心款待能夠帶來幸福的連鎖」。我相信各位讀者閱讀了這本書之後，都可以理解加賀屋為了達到這個理想，在有形的物質與無形的精神上，投注了多少努力。

加賀屋的待客之道，具有各種各樣的形式。

投宿的旅客中，若有人前來慶祝六十歲還曆之壽、七十七的喜壽以及八十八歲的米壽，或是結婚紀念日、生日等，加賀屋會為他們在客房中的壁龕掛上祝賀的裝飾——。這是加賀屋提供的基本服務，但是其他同業只要想得到，並非無法模仿。另外，加賀屋還會依客人身高準備合適的浴衣，不同尺碼之間的差距為五公分，如果有不同組客人合睡一間和式客房，就幫他們準備不同顏色的毛巾與牙刷。這些小細節的確讓人感到體貼入微，但其實只要擁有充足的經費，也能夠簡單做到。

每年有二十二萬人次造訪加賀屋，其中不少是同業人士，前來投宿的目的，是為了親眼見識日本第一的旅館到底有什麼過人之處。甚至有經營者化身為客人到加賀屋見習，把觀察到的要點整理起來，回到自己的旅館或飯店後，馬上仿傚實行。

即使如此，加賀屋還是能夠蟬聯「日本飯店暨旅館專業百選」評價第一名，長達四分之一個世紀之久。這個事實說明了一件事，就算再多旅館費盡心思學習，在外觀及形式上儘可能地模仿加賀屋，終究還是無法取代日本第一的寶座。

本書的創作動機，是為了探索為什麼加賀屋能夠在這麼長的時間裡，維持日本第一這項難以動搖的地位。為了解開這個祕密，我在這間巨大的旅館內，花費很長一段時間，和各個崗位上揮汗工作的人們相處。我想了解，每個員工背負著自己的人生，在每一天的工作中，心裡有什麼的想法？藉由描寫他們最真實的一面，試著揭開加賀屋的神祕面紗。

然而，我自己也不知道，到底這本書裡描寫的內容，可以貼近「加賀屋的風格」到什麼程度，我想一定還有許多筆墨難以形容的地方。透過閱讀本書，我相信各位應該可以理解，加賀屋的每一個角落都充滿著真心款待，因為他們十分認真看待每個客人的「一夜之宿」。每位客人都抱持各種不同的心情遠道前來，每位客房管家也用最大的誠意款待他們，雙方一起渡過的時間，對彼此而言都是人生中無可取代的經驗。而這段絕無僅有的短暫時間裡，兩者間心裡產生的共鳴，正是造就真心款待的必要條件。

加賀屋的員工絕對不會把服務客人當做一成不變的例行公事，也不會認為客人可能只會來住一次，而有所怠慢，他們總是期待著與不同客人見面，並且獻上最好的服務。這樣的心態，也深深打動每一位客人，因此，客人在離去之後，寄到加賀屋的感謝函，總是如雪片般紛紛而至。客人對於加賀屋特有的「人情味」，抱持著像鄉愁一般的心情，感謝函的字裡行間寫滿了讚賞之意，以及希望有朝一日能夠再次入住的心情。

在這家旅館工作的人們，每天辛勤工作的原因，並不是為了守住日本第一的地位。他們把真心款待當做一生的志業，盡心盡力只為維持「加賀屋」獨特的風貌，結果自然就將加賀屋推向日本第一的寶座。

本書出版的契機，最初是都市環境管理研究所集團發行的季刊『彩都』，刊載加賀屋特輯，隨後延伸內容就成為這本書，在此我要為研究所的協助表達感謝。同時，在我取材時，加賀屋裡的人們全都鼎力相助，我也在此借本文致上最深的謝意。行文至此，暫且歇筆。

UPF 0169

加賀屋，與形形色色人生相遇的旅宿

作者—細井勝
譯者—洪逸慧（第一、二章），嚴可婷（第三、四章），李建銓（第五、六章）
主編—林芳如
執行企劃—廖婉婷
封面設計—徐睿紳
封面攝影—魏𩇋
董事長—趙政岷
總經理
出版者—時報文化出版企業股份有限公司
10803台北市和平西路三段二四〇號七樓
發行專線—（〇二）二三〇六—六八四二
讀者服務專線—〇八〇〇—二三一—七〇五
（〇二）二三〇四—七一〇三
讀者服務傳真—（〇二）二三〇四—六八五八
郵撥—一九三四四七二四時報文化出版公司
信箱—台北郵政七九～九九信箱
時報悅讀網—www.readingtimes.com.tw
電子郵件信箱—ctliving@readingtimes.com.tw
新潮線臉書—https://www.facebook.com/tidenova?fref=ts
法律顧問—理律法律事務所　陳長文律師、李念祖律師
排版—宸遠彩藝有限公司
印刷—勁達印刷有限公司
初版一刷—二〇一六年六月十七日
定價—新臺幣三三〇元
⊙行政院新聞局局版北市業字第八〇號

國家圖書館出版品預行編目(CIP)資料

加賀屋，與形形色色人生相遇的旅宿：揭開一流款待背後的真實故事，看見超越工作守則的服務價值 / 細井勝著；洪逸慧、嚴可婷、李建銓譯. -- 初版. -- 臺北市：時報文化, 2016.06
面；　公分
譯自：加賀屋の流儀
ISBN 978-957-13-6613-5(平裝)

1. 加賀屋溫泉旅館　2. 旅館經營　3. 顧客服務

489.2　　105006046

ISBN 978-957-13-6613-5
Printed in Taiwan

KAGAYA NO RYUGI

Photographs by Wakihiko NOUKA & KAGAYA & Masahiro MASUNO
Cover photograph arranged by Kiyoshi ISHIMA
First published in Japan in 2006 by PHP Institute, Inc.
Traditional Chinese translation rights arranged with PHP Institute, Inc.
Through Bardon-Chinese Media Agency

感謝北投日勝生加賀屋國際溫泉飯店協助封面拍攝